世界を変えた60人の偉人たち

新しい時代を拓いたテクノロジー

東京電機大学 編

東京電機大学出版局

まえがき

　新しいテクノロジーは人々の生活を大きく変革し，新しい時代を拓いてきました。移動手段では，馬車，鉄道，自動車，飛行機，さらにロケットが登場しました。また情報伝達では，印刷，電信，電話，無線，テレビ，コンピュータネットワークが開発されて，格段の進歩を遂げました。「より早く，より遠く，より大きく，より多く」という人々のさまざまな夢や希望を実現してきたのはテクノロジーです。そしてテクノロジーの進展にともなって，社会も飛躍的に発展してきました。さまざまなテクノロジーが今日の社会を支えているのです。

　一方，予想もしなかった問題が生じたのも事実です。例えば，地球環境，人口，資源・エネルギー，食糧の分野においてです。また，原子爆弾をはじめ，テクノロジーは兵器としても使われてしまっています。これらは私たち人間の本性に深く根差す課題でもあります。しかし，これらを解決するのもテクノロジーです。国連で採択された「我々の世界を変革する：持続可能な開発のための2030アジェンダ」の行動計画，SDGs（Sustainable Development Goals）が示す17の目標と169のターゲットは，今日の私たちの課題を集約しています。全く関係のないように思っている人間のさまざまな活動は，実はお互いが密接に関係し合っていること，そして地球はひとつであることを今日の私たちは知っているのです。

　テクノロジーは，普及して身近になると"当たり前"と感じてしまいます。スマートフォンで通話，写真撮影や録音録画ができ，インターネットに接続すれば世界とつながるという機能は，半世紀前の人々には遠い未来の夢でした。しかし，今や子どもから高齢者まで，発展途上国から先進国まで，世界中の人々がスマートフォンをもつ時代になりました。人々の夢は，今日すさまじいスピードで次々と現実になっています。

　テクノロジーは人間の社会，時代を変えるほどの大きな影響力をもちます。印刷，羅針盤，ダイナマイト，飛行機，原子力，コンピュータさらにAI，IoT

などで社会は劇的な変化を迎えました。そして今も変化し続けています。その最も新しい姿が，今の私たちの社会といえます。

　今日の最新のテクノロジーは，人類始まって以来の先人たちの努力の積み重ねの賜物といえるでしょう。先人たちが新しいテクノロジーに挑んだときの思い，その過程での失敗や挫折，完成したときの感激や達成感，新しい真理を発見したときの喜びは，何ものにも代え難かったと思います。時代ごとに求められた技術は違い，それぞれにさまざまな社会的背景がありますが，社会を拓くほどのテクノロジーを生み出した先人たちのスピリッツや思い・メッセージは，私たちに大切なもの，貴重な真実を伝えてくれていると思います。

　本書は，テクノロジーを学ぶ大学生や，テクノロジーに興味をもつ中学生，高校生を主な対象に，社会を大きく変えてきたテクノロジーの歩みとその影響，開発者の思いやメッセージを，それぞれの背景や可能な限り本人のことば，エピソードを含めてイラスト入りで紹介しました。

　新しい時代を創造する未来の科学技術者の参考になれば幸いです。

　　　　　　　　　　　　　　　　　　　　　　　　　　　筆者記す

目 次

まえがき i
はじめに：テクノロジーを目指す若者たちへ（Ⅰ） vii

第1章　古代文明　　1

ピタゴラス 2
アルキメデス 4
蔡倫 6
印刷の始まり 8
羅針盤の発明 10
火薬の発明 12

第2章　科学革命　　15

レオナルド・ダ・ヴィンチ 16
ヨハネス・グーテンベルク 18
ガリレオ・ガリレイ 20
ヤンセン父子 22
アイザック・ニュートン 24

第3章　第一次産業革命　　27

ジェームズ・ワット 28
ジョージ・スチーブンソン 30
ロバート・フルトン 32
ベンジャミン・フランクリン 34
アレッサンドロ・ボルタ 36
マイケル・ファラデー 38
ヴェルナー・フォン・シーメンス 40
マリー・キュリー 42
アルフレッド・ノーベル 44

第4章　第二次産業革命　47

- カール・フリードリヒ・ベンツ　48
- ヘンリー・フォード　50
- サミュエル・モールス　52
- アレクサンダー・グラハム・ベル　54
- トーマス・アルバ・エジソン　56
- ジョージ・イーストマン　58
- ニコラ・テスラ　60
- リュミエール兄弟　62
- レオ・ベークランド　64
- グリエルモ・マルコーニ　66

第5章　第三次産業革命　69

- ライト兄弟　70
- ジョン・ロジー・ベアード　72
- ウォルター・ブラッテン／ジョン・バーディーン／ウィリアム・ショックレー　74
- ロバート・ノートン・ノイス　76

第6章　電子計算機の登場　79

- アラン・マシスン・チューリング　80
- ジョン・フォン・ノイマン　82
- ジョン・エッカート／ジョン・モークリー　84
- ジョゼフ・カール・ロブネット・リックライダー　86
- マーティン・クーパー　88

第7章　ロケット，原子爆弾　91

- ロバート・ゴダード　92
- ロバート・オッペンハイマー　94

第8章　日本のものづくり　　　　　97

　丹羽保次郎 ……………………………………… 98
　高柳健次郎 ……………………………………… 100
　松下幸之助 ……………………………………… 102
　円谷英二 ………………………………………… 104
　本田宗一郎 ……………………………………… 106
　井深　大 ………………………………………… 108
　樫尾俊雄 ………………………………………… 110

第9章　人間主役の時代に　　　　　113

　フランク・ロイド・ライト …………………… 114
　ル・コルビュジエ ……………………………… 116
　ジェームズ・デューイ・ワトソン／
　　フランシス・クリック ……………………… 118
　アラン・カーティス・ケイ …………………… 120
　スティーブ・ジョブズ ………………………… 122
　ビル・ゲイツ …………………………………… 124

第10章　地球の環境　　　　　127

　ユーリイ・ガガーリン ………………………… 128
　レイチェル・カーソン ………………………… 130

おわりに：テクノロジーを目指す若者たちへ（Ⅱ）…… 133
あとがき ………………………………………………… 134

付録1　国際連合「持続可能な開発目標（SDGs）」…… 136
付録2　心に残る名言集 ………………………………… 137
参考文献 ………………………………………………… 141

はじめに：テクノロジーを目指す若者たちへ（I）
「科学と工学」

吉川弘之

　私たち工学分野のものが学ぶ目的は，科学的知識を得ることだけではない。私たちは，「科学的知識の使用 Use の専門家」になるために学ぶのである。科学的知識の使用の専門家になるためには，科学的知識だけでなく，「使用の科学」を身につける必要がある。

　ところが使用の科学は未完成であり，そのために急速に生まれる科学的知識の使い方に間違いが起こる。はっきりした使用法の定義なしに科学的知識を使用した結果として，資源枯渇，地球環境問題，経済格差，などの持続性に関する困難な問題を引き起こしてしまった。

　未完成の「使用の科学」は，私たちが手にしている技術の中に，そして多くの分野に分かれている工学の科目の中にある。しかしそれらは相互にばらばらでまとまっておらず，すき間だらけの知識である。それを完成するためには大きな努力が必要である。

　その中で，工学を学ぶ者の責任は大きい。

講演「持続性時代における工学・技術」
（2016 年 11 月，於：東京電機大学）の資料から転載

吉川弘之（よしかわ ひろゆき）
東京大学総長，日本学術会議会長，日本学術振興会会長，放送大学長，国際科学会議会長，産業技術総合研究所理事長，科学技術振興機構研究開発戦略センター長を歴任。2008 年春瑞宝大綬章。東京大学名誉教授，日本学士院会員，日本学術振興会学術最高顧問，産業技術総合研究所最高顧問。

古代文明

科学技術における
最初の大きな進歩

　地球の誕生は46億年前，人類の祖先とされ直立二足歩行できる霊長類の登場は700万年前，私たちの属するホモ・サピエンス（新人）が登場したのは20万年前以降，と考えられています。
　世界四大文明は紀元前3000年前後に発祥し，紀元前600年頃に古代ギリシア文明，紀元前100年頃には古代ローマ文明が台頭。科学技術の歴史が始まりました。
　この章では，科学技術の最初の大きな進歩から，ピタゴラスとアルキメデス，古代中国の四大発明を取り上げます。

事象を数式で表し,科学技術の礎を築いた

ピタゴラス

古代ギリシア ▶▶▶ Pythagoras 紀元前582年～紀元前496年

「万物の根源は数である」

「ピタゴラスの定理」だけじゃない

　自然を含めたあらゆる事象には数の法則が内在していると考え，「万物の根源は数である」という言葉を残したピタゴラス。「ピタゴラスの定理」（三平方の定理）が最も有名ですが，それだけではありません。

　「弦の響きには幾何学があり，天空の配置には音楽がある」として，音楽や天体の動きも数で表せると考え，弦楽器が美しい協和音を奏でるときの弦の長さを整数比で表せる「ピタゴラス音律」も発見。音程の法則を確認するために調律器具を発明した，ともいわれています。

　ピタゴラスが初めて明らかにした"数学という観念的な存在"は，プラトンの思想をはじめ哲学や科学，技術などの発展の礎となり，さまざまな思想やモノを生み出しました。

エピソード	ピタゴラスに由来し，現在の私たちに身近なものに「五芒星」(☆)があります。一筆で描く星の図形で，ペンタグラム，星型五角形ともいいます。五芒星は宇宙の五大元素を表すとされ，数を究め真理に近づくためにピタゴラスが設立した教団の紋章として使用。しかし教団の秘密主義やエリート意識が民衆の反感を呼び，ピタゴラス教団は壊滅しました。

◆ディオゲネス・ラエルティオス著／加来彰俊訳『ギリシア哲学者列伝（下）』（岩波文庫），岩波書店, 1994 年, p.31.
◆イアンブリコス著／水地宗明訳『ピタゴラス的生き方』京都大学学術出版会, 2011 年, p.62.

アルキメデスの原理，てこの原理などを発見

アルキメデス

古代ギリシア ▶▶▶ Archimēdēs 紀元前287年頃〜紀元前212年

「あらゆることを発見したと
　言い張るのに
　証明を与えない人々は，
　不可能なことを発見したと主張して
　恥をかいたことになります」

バスタブがヒント！「アルキメデスの原理」

　アルキメデスが生涯を過ごしたのは，シチリア島のシラクサという都市。その地の王は神殿に奉納する黄金の冠を職人に作らせたのですが，黄金の代わりに同重量の銀が混入されたという噂が広まりました。

　そこで王は真偽を確かめようと，冠の金と銀との割合を出すようにとアルキメデスに依頼。難題に取り組んだアルキメデスは，浴場で浴槽につかったとき，沈んだ身体の体積だけ水が溢れ出ることに気づき，それが問題解決のヒントに。

　アルキメデスは，「わかった！ わかった！」（エウレーカ！ エウレーカ！）と叫びながら，裸のまま走って帰ったといわれています。これが「アルキメデスの原理」の発見でした。

　数多くの独創的な業績を挙げた，数学者・物理学者・技術者・天文学者です。

エピソード　「私に支点を与えよ。そうすれば地球を動かしてみせよう」という豪語で知られる「てこの原理」もアルキメデス。天秤の使用，円周率や平方根の計算など，数学に計量的要素を大胆に取り入れ，実際的な応用を重視して「機械学」も開拓。私たちの身の回りにある蚊取り線香や鳴門巻きカマボコの螺旋は，「アルキメデスの螺旋」と呼ばれます。

◆斎藤憲著『岩波科学ライブラリー232 アルキメデス『方法』の謎を解く』岩波書店，2014年，p.30.

古代中国の四大発明　①製紙法

蔡倫

後漢 ▶▶▶ さいりん 50年頃～121年頃

"実用的な紙"の製紙法を開発

安くて軽く使いやすい紙の登場

　実用的な紙を開発したのは，蔡倫という後漢の宮廷の役人。優秀な文人で工作も得意だった蔡倫は，後漢第4代皇帝の和帝から「保存が容易で，軽く，安価な」筆記媒体の開発を依頼されました。それまでにも麻を材料にした紙はありましたが，作るのに手間がかかり普及していませんでした。

　蔡倫は，麻のボロきれや樹皮などを材料とする製紙法を開発し，105年に皇帝に献上したと伝えられます。その紙は「蔡候紙（さいこうし）」と呼ばれ，その後も改良が重ねられ，中東からヨーロッパに伝播。蔡倫の紙は，高価だった絹や，もち運びや保存に不便だった竹簡（ちっかん）や木簡（もっかん）に替わり，広く使用されました。

　蔡倫により，人間は記録を紙に残すことで，情報をより長く，より簡易に，より広く伝達できるようになったのです。

エピソード

　宦官（かんがん）だった蔡倫は政治でも有能でしたが，宮廷の政争に巻き込まれ自害させられてしまいました。ところで，紙（paper）の語源は，古代エジプトで使われていたパピルスという水草。現存する世界最古の紙は，中国甘粛省（かんしゅくしょう）の放馬灘（ほうばたん）（地名）の古墳で発見された地図のかかれた麻の紙で，前漢（紀元前206年〜8年）時代のものと考えられています。

古代中国の四大発明 ②木版印刷

印刷の始まり

唐 ▶▶▶ 7世紀頃

信仰と深く結びついて,
木版印刷が成立

一度に多くの情報伝達が可能になった

　唐（618年〜907年）の時代，木版印刷が成立しました。

　その始まりは7世紀。それまでの木彫りの仏像の印を織布の上に押捺して複製する印判という方法が，逆に，墨を塗った仏像に紙を乗せて刷る「擦仏」という方法に変化したのです。インドから伝来した仏教を多くの人に伝えたい，知りたいという祈りや信仰と結びついて，木版印刷が誕生し進展したのでした。8世紀中頃には，経典も木版印刷されました。

　宋代（960年〜1279年）に入ると，墨や紙の品質，彫師と刷師の技術が飛躍的に向上し，科挙（官僚登用試験）の教科書や受験参考書の需要もあり，多種多様な書物がたくさん刊行されました。元代（1279年〜1368年）には，木で作った数万の漢字を自在に組み合わせる活版印刷に。

　さらに，明代（1368年〜1644年）には多色刷りも行われ，印刷技術は中国から世界に拡散。のちに，金属の活字を用いる活版印刷へとつながりました。

エピソード	現存する世界最古の印刷物は，奈良時代終わり頃の「百万塔陀羅尼」（770年に完成）とされます。称徳天皇の発願により，6年近くかけて4種類の陀羅尼というお経が100万部印刷され，それぞれが高さ約20cmの木造の小さな三重塔100万個に収められ，法隆寺や東大寺など十大寺に10万基ずつ奉納されました。現在は，法隆寺に伝来した4万数千基が残されています。

古代中国の四大発明　③方位磁針

羅針盤の発明

宋 ▶▶▶ 11世紀

古代中国の科学「風水」から生まれる

遠洋航海を可能にした発明

　中国では紀元前300年頃から，磁場を発生させる石「磁石」が地球の磁場に反応し，南北の方向を示すことが知られていました。前漢（紀元前206年〜8年）と後漢（25年〜220年）の時代には，魚の形にした木片に磁針を埋めて水に浮かべたり（指南魚），磁石をスプーンの形にしたり（指南器），さらに詳細な方位を示す盤を作り，風水占術の道具としていました。

　そして宋代（960年〜1279年）に，現在位置と進行方向を知る「羅針盤」が発明されました。インド洋などを経て中東に至る「海の道」で使われ，ヨーロッパにも伝播。マルコ・ポーロが中国からもち帰って改良したともいわれます。

　羅針盤により遠洋航海が可能となり，15世紀には大航海時代を迎えて世界貿易が盛んに。さらに鉄砲の発明により，ヨーロッパ列強の植民地支配が急速に広がりました。

エピソード	磁石は，紀元前600年頃に中国の慈州（じしゅう），ギリシアのマグネシア地方で産出されたのが名前の由来。羅針盤発明以前の航海は，陸が見える範囲，太陽や北極星や星座の位置，海域ごとの風向や潮流，海水の色などが手がかり。緯度・経度は，1884年のグリニッジ子午線の設定でやっと確立。今日はGPS*がありますが，海上で「いま自分はどこにいるのか」を知るまでには長い年月がかかりました。 ＊ GPS：Global Positioning System，全地球測位システム。

古代中国の四大発明　④火薬

火薬の発明

唐 ▶▶▶ 7世紀

不老不死の薬探しが発端

兵器に利用され，戦争を変えた

　7世紀頃の唐。不老不死の霊薬を求めた道教の練丹術師（薬を作る人）が，木炭と硫黄と硝石を混ぜると黒色火薬になることを偶然に発見。しかし軍事機密とされ，約400年間も門外不出でした。

　その後，モンゴルが火薬を使用し，世界帝国を築いたことで，イスラム世界やヨーロッパにも伝わりました。そして発火装置，爆弾，大砲，火砲，鉄砲などのさまざまな兵器が開発されました。

　十字軍遠征では弓や槍で戦っていた騎士階級が，イスラムの火薬使用で没落。火薬の使用は戦争の規模を大幅に拡大させました。元寇（1274年，1284年）を描いた『蒙古襲来絵詞』には，鉄球に火薬を詰めた破裂弾が弓から発射される様子が描かれています。

| エピソード | 古代中国では火薬で花火を作り，ヨーロッパでも15世紀頃から花火作りが盛んに。火薬は兵器だけでなく，宗教的なイベントに欠かせないものになりました。薬を作るつもりが皮肉にも兵器製造に結びつき，戦争の形態が大きく変化。新たな兵器を投入した国が強大化し，ヨーロッパでは500あった国家が25程度になったといわれるほど，国家統一が進みました。 |

第2章

科学革命

技術革新が
ヨーロッパで続々と

　大航海時代といわれる15世紀以後は，ヨーロッパを舞台に，技術革命の時代が到来。新たな技術や思想が生み出されました。
　万能の天才といわれるレオナルド・ダ・ヴィンチを皮切りに，天文学の父と称されるガリレオ，近代物理学の創始者と呼ばれるニュートンなど，誰でも名前を知っている人たちが登場。彼らはどんな科学そして世界観を，現代の私たちに与えてくれたのでしょうか。
　この章では，レオナルド・ダ・ヴィンチ，グーテンベルク，ガリレオ，ヤンセン父子，ニュートンを紹介します。

目覚ましい才能を発揮した万能の天才

レオナルド・ダ・ヴィンチ

イタリア ▶▶▶ Leonardo di ser Piero da Vinci 1452年～1519年

「知恵は経験の娘である」

比類なき天才が生み出した，無数のもの…

　絵画『モナ・リザ』や『最後の晩餐』で知られるように，イタリア・ルネサンスを代表する芸術家であると同時に，科学者，技術者として多岐にわたる分野で活躍しました。

　建造物の設計，金属加工，土木，機械工学などの工学分野でも大活躍。潜水艦や飛行機，ヘリコプター，戦車，太陽エネルギーや計算機の理論，二重船殻構造の研究，初歩のプレートテクトニクス*も理解し，さらには人体解剖も行いました。科学や技術に関する手稿（手書きの原稿）は，数千ページともいわれます。1502年からはローマ教皇の息子の軍事顧問兼技術者となり，イタリア中を歩き，要塞開発のための地図も制作しました。

　世界中で「万能の天才」（英語では Universal Genius）と呼ばれています。

*プレートテクトニクス：プレート理論，地球科学のひとつ。

エピソード　　姓のダ・ヴィンチは，トスカーナ地方の「ヴィンチ村で生まれた」ことから。婚外子として生まれ，14歳でフィレンツェの絵画工房に弟子入り。おびただしい数のデッサンが残る一方で完成絵画が少ない，鏡文字（鏡に写したように，左右が逆になった文字）を書いたなど，いまだに多くの謎が残されています。

◆レオナルド・ダ・ヴィンチ著／杉浦明平訳『レオナルド・ダ・ヴィンチの手記（下）』（岩波文庫），岩波書店，p.9.

:実用的な活版印刷技術を開発

ヨハネス・グーテンベルク

ドイツ ▶▶▶ Johannes Gutenberg 1398年頃～1468年

印刷による聖書の普及が，
宗教改革をもたらす。
知識の普及と識字率の
向上にも貢献

過去1000年間で
最も重要な出来事のひとつ

　ドイツの金属加工職人グーテンベルクは，1450年頃，金属活字を並べた版をインクで印刷する活版印刷の技術を開発しました。それ以前の本は手書きの写本（書き写し）か木版印刷で，活字がもろく，刷るのも時間がかかったのですから，本の世界の一大改革です。

　1455年に初めて印刷した聖書は，ほとんどのページが42行なので『42行聖書』あるいは『グーテンベルク聖書』とも呼ばれます。教会が独占していた聖書が一般にも普及したことで，それまでのカトリック教会を批判するプロテスタント（抗議する者）が誕生し，ドイツではルターによる宗教革命，イギリスでは清教徒によるイギリス革命が起こりました。

　印刷技術の向上に従って，図形や解剖図，動植物も描写され，科学技術や啓蒙思想が普及し，識字率の向上，ルネサンス*に大きく貢献しました。

*ルネサンス：14世紀〜16世紀のヨーロッパにおける文化革新運動。

エピソード　グーテンベルクの金属活字は鉛（なまり）と錫（すず）を使用し，印刷機は木造でブドウ搾（しぼ）り機をヒントにしたプレス式。この時代のヨーロッパでは，古代中国で発明された羅針盤・火薬・実用的活版印刷が飛躍的に発達。この3つはルネサンスの三大発明ともいわれます。

天文学の父——科学革命を代表する人物

ガリレオ・ガリレイ

イタリア ▶▶▶ Galileo Galilei 1564年〜1642年

「人間のどんな議論も
　明白な経験にもとづかなければ
　ならないのです」

地動説を実証し，科学革命を起こした

　ガリレオは，オランダで発明された望遠鏡を独自に改良しました。その望遠鏡を初めて夜空に向けたのは1609年。

　最初は月，そして太陽，木星や金星などの太陽系惑星を観測し，コペルニクス（1473年～1543年）が唱えた「地動説」に有利な証明を多数見つけました。

　しかし，当時はキリスト教の力が絶大で，2世紀にプトレマイオスが集大成した天動説が信じられていて，地動説は異端。ガリレオは宗教裁判にかけられて終身禁固，著書『天文対話』は禁書になりました。そのほかにも，ピサの斜塔から大小の球を落とし着地させる実験で落下法則を証明したといわれています。

　ガリレオは，科学的手法で物事を実証したパイオニアです。

エピソード
「数学は科学へとつながる鍵とドアである」と考え，既存の理論や常識に盲目的に従うのではなく，実験結果を数学的に記述し分析するガリレオの姿勢は，近代的合理主義の端緒となりました。「我思う，ゆえに我あり」のデカルト（1596年～1650年）にも影響を与えました。なお，ローマ教皇が宗教裁判の誤りを認めたのは，ガリレオの死から350年後の1992年でした。

◆ガリレオ・ガリレイ著／山田慶児，谷泰訳『星界の報告 他1篇』（岩波文庫），岩波書店，1976年，p.126.

多くの分野の進歩に貢献した，眼鏡職人の親子

ヤンセン父子

オランダ ▶▶▶ 父ハンス Hans Jansen，子サハリアス Sacharias Janssen 16世紀～17世紀

顕微鏡と望遠鏡の発明で，
天文学・医学・生物学が
飛躍的に発展

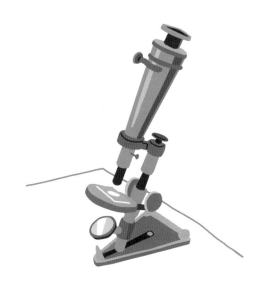

始まりは，彼らの発明から…

　古代ローマでは哲学者が，水晶やガラス玉を使うとモノを拡大して見られることを書き記しました。11世紀にはアラビアの学者が，ヒトの眼の構造や光の屈折について著し，ラテン語に翻訳された著書がヨーロッパに広まりました。13世紀には，凸レンズが拡大鏡として使われていました。

　そして1590年頃，オランダの眼鏡職人ヤンセン父子が，顕微鏡の原型を発明。ヤンセンの顕微鏡は，筒の両端に2枚の凸レンズを組み合わせた簡単な構造で，倍率は3倍～9倍ほどでした。しかし，それをきっかけに，顕微鏡と望遠鏡の開発が盛んに進められました。

　17世紀には，イギリスのロバート・フックが拡大率数十倍の複式顕微鏡を作り，植物の細胞を発見し「cell」と命名。その後，顕微鏡は光学から電子へ，また超音波，走査型プローブ顕微鏡などに進化。ミクロを観察する顕微鏡は，医学の進歩にも大いに貢献しました。

エピソード

　1608年には，やはりオランダの眼鏡職人リッペレイが，凹凸レンズを使い屈折式の望遠鏡を製作。その望遠鏡をガリレオが改良し，天体観測を開始。その後，ケプラー，ホイヘンス，ニュートンによって望遠鏡が改良され，理論の発展とあいまって天動説は完全に覆されました。ちなみにレンズの語源は，形が似ていたレンズ豆です。

「万有引力の法則」を発見，近代物理学の創始者

アイザック・ニュートン

イギリス ▶▶▶ Sir Isaac Newton 1642年～1727年

「神はすべてを
　数と重さと尺度から
　創造された」

微分積分，光学，運動3法則も発見

　ケンブリッジ大学にいたニュートンは，ペストの大流行で大学が閉鎖されたために帰郷。その間に微分積分，光学，万有引力などを発見，証明しました（「驚異の年」とか「創造的休暇」と呼ばれています）。

　その後，26歳で教授に就任。1668年，反射望遠鏡も自作。1672年には王立協会会員に選出されました。力学と天文学を体系的にまとめる研究に注力し，1687年に『自然哲学の数学的原理（プリンキピア）』を完成。運動3法則をまとめました。1696年には王立造幣局の監督に任命され，1700年には長官に。一方，錬金術にも没頭し，最後の錬金術師とも呼ばれます。

　ニュートンは，観測できる物事の因果関係を示す方法で万有引力などの法則を説明し，ガリレオとともに科学革命の主役に数えられます。

エピソード　祖母に養育されたニュートンは，18歳のとき，ケンブリッジ大学の講師の小間使いをする代わりに授業料や食費を免除される身分で大学に入学。数学の教授に見いだされ，奨学金を得て，また学位も授与され，才能が開花しました。晩年には，イギリス王室からナイトの称号を授与されました。

◆河辺六男訳『世界の名著26 ニュートン 自然哲学の数学的諸原理』中央公論社，1971年，p.560.

第一次産業革命

人の手から蒸気を使った機械へ
社会も大変化

　18世紀半ばから19世紀にかけて，イギリスを皮切りに産業革命が起こりました。蒸気機関の発明を契機とする大々的な技術革命で，生産は手工業から機械工業へと移行，大量生産が可能になりました。動力革命，またはエネルギー革命ともいわれます。
　この章では，ワット，スチーブンソン，フルトン，フランクリン，ボルタ，ファラデー，シーメンス，キュリー夫人，ノーベルを紹介します。

ジェームズ・ワット

蒸気機関を改良して，産業革命に大きく寄与

イギリス ▶▶▶ James Watt 1736年〜1819年

"人類の力を高め，
より高い段階へと導いた
もっとも輝かしい科学の徒にして
世界の恩人"

新たな動力源「蒸気機関」は，社会に革新をもたらした

　スコットランドで生まれたワットは，18歳で計測機器の製造技術を学び，グラスゴー大学で科学機器の維持・修理の職を得ました。その後，ニューコメンの考案した蒸気機関に興味をもち，教授陣の支援を得て，炭坑の地下水汲み上げポンプの蒸気機関の模型を苦労の末に修理。そして修理にとどまらず，性能を向上させ熱効率を倍以上にし，その結果，石炭使用量は大幅に削減されました。

　さらに1784年には，蒸気機関の往復運動を歯車利用の回転運動に転換させる技術を開発。蒸気機関はさまざまな機械の動力源として第一次産業革命の主役となりました。

　エネルギー源が薪や水力から石炭になり，機関車や汽船など輸送手段に導入されて，人間の行動範囲が大幅に拡大しました。これは動力革命と言われ，さらに交通革命に発展していきます。

エピソード　電力や仕事率などを表す単位の「ワット」（記号はW）は，ジェームズ・ワットの業績を称え，彼の死後の1889年にイギリスの科学振興協会で名付けられました。現在は国際単位系*のひとつです。
＊国際単位系: International System of Unites（略称はフランス語に由来して「SI」）。

◆セント・ポール大聖堂にあるチャントリー（Francis Chantrey, 1781～1841）製作のジェームズ・ワット像の慰霊碑の碑文．

鉄道の父——鉄道の発展に広く貢献

ジョージ・スチーブンソン

イギリス ▶▶▶ George Stephenson 1781年〜1848年

「われらの目的は
　成功することではなく，
　　失敗にたゆまず進むことである」

世界で初めて，客車牽引に成功

　蒸気機関車を発明したのはイギリスのトレビシックですが（1802年，炭坑の貨車），馬や人が引いていた炭鉱貨車，そして客車の蒸気機関による牽引を成功させたのはスチーブンソンです。名付けて「ロコモーション号」，1825年でした。

　その後，リバプール・マンチェスター鉄道は，スチーブンソンが息子と開発した蒸気機関車「ロケット号」（時速40km）で，世界初の旅客輸送を開始。世界で初めて，鉄道が斜めに交差するアーチ橋も造りました。

　鉄道はそれまでの船に代わる輸送手段となり，産業革命の原動力として世界に普及。スチーブンソンは鉄道建設や測量など鉄道全般に関与。

　採用された1435mmの軌間は「スチーブンソン・ゲージ」と呼ばれ，世界の標準になっています。

エピソード
　父親は炭鉱の機関夫で，家が貧しく，学校に通えなかったスチーブンソンは，父親の助手をしながら技術を身につけ，17歳で機関夫になり，働きながら夜間学校に通って読み書き算数を学習。炭坑のポンプの故障を修理したことをきっかけに，蒸気機関に精通。炭坑内では火をたいて明かりをとっていたため爆発事故が多発していたことから，スチーブンソンは試行錯誤の末，安全ランプも開発しました。

◆梶山健編著『世界名言大辞典』明治書院，1997年，p.220.

蒸気船の実用化

ロバート・フルトン

アメリカ合衆国 ▶▶▶ Robert Fulton 1765年〜1815年

セーヌ川，ハドソン川で蒸気船の実験に成功。初の潜水艦「ノーチラス号」も建造

画家志望が転じて，
産業革命の担い手に

　フルトンは画家を目指してイギリスに渡りましたが，そこは産業革命による社会変革の最中。フルトンの興味は産業技術へと移り，1803年にフランスのセーヌ川で蒸気船の実験に成功しました。

　帰国したフルトンは1807年，建造した外輪式蒸気船「クラーモント号」（通称）に乗客を乗せ，ニューヨークを出航してハドソン川を航行。240kmを32時間で航行し，向かい風でも川をさかのぼれることを示しました。

　この公開実験後，フルトンは船内の設備を整えて定期運航を開始。1819年には「サバンナ号」で，蒸気船として世界初の大西洋横断に成功。海戦の主力も帆船から蒸気船になりました。しかし当時，ハドソン川での公開実験は「フルトンの愚行」との悪評でした。

エピソード

　蒸気船は大量の石炭が必要なため，普及にともなって石炭補給地の確保が課題になりました。ペリーの日本来航（1853年，1854年）は，捕鯨船の石炭や水など物資の補給地確保が目的でもあった，といわれています。なおフルトンは，ナポレオンの依頼により1800年，世界初の潜水艦「ノーチラス号」を建造。また1810年頃に製作した機雷は，最初の近代的機雷といわれます。

雷が電気であることを,実験で証明

ベンジャミン・フランクリン

アメリカ合衆国 ▶▶▶ Benjamin Franklin 1706年〜1790年

「君の仕事を追いかけよ,
　仕事に追われるな」

勤勉で自己啓発に努め，公益のために尽くした。米国100ドル紙幣に肖像画

　時代は18世紀半ば。ライデン瓶（蓄電器）の実験が行われたことを知ったフランクリンは，瓶の電極に発する火花や電撃は，雷の光や落雷と同じであると考えました。そこで1752年，雷雨のなか，針金を付けた凧をあげる実験を実施しました。

　凧糸にぶら下げた金属製の鍵に指を近づけると，パチパチ。その電気を鍵からライデン瓶に取り込むことに成功。この危険な実験で，神の意志であるとされていた雷が電気であることを証明したのです。雷の電気にはプラスとマイナス両方の極性があることも確認した，といわれています。

　また，避雷針，熱効率の良いストーブ，遠近両用眼鏡，グラス・ハーモニカ*も発明。特許は取得せず社会に還元。独学によって数々の業績を残しました。

*グラス・ハーモニカ：ガラスを濡れた指などでこすって音を出す楽器。

エピソード　貧しい家に生まれたフランクリンは，10歳で学校を終え，印刷工として働き，新聞発行で成功したのち，アメリカ初の公共図書館を設立。優れた文筆家，政治家，外交官であり，アメリカ独立宣言の起草委員で，「アメリカ建国の父」と称されます。アイビー・リーグの名門ペンシルベニア大学の創設者のひとりでもあります。

◆ベンジャミン・フランクリン著／真島一男監訳『プーア・リチャードの暦』ぎょうせい，1996年，p.5.

:電池を発明し,その名が電圧単位の由来に

アレッサンドロ・ボルタ

イタリア ▶▶▶ Alessandro Volta 1745年～1827年

電池の発明は
「人類発明史上最大の驚異」と
評された

"当たり前"を疑い，実験で確かめた

　感電の見世物などで電気が流行した時代のこと。イタリアの解剖学者カルヴァーニは，電気火花を死んだカエルに当てると筋肉が痙攣（けいれん）することを発見し，動物の体に電気があると考えました。

　一方，物理学者のボルタは，静電気を起こす電気盆の実験を経て，2種類の金属と電解液で電池ができることを発見。1800年，銅と亜鉛の板に希硫酸（電解液）で湿らせた厚紙をはさみ，直列に接続した「ボルタ電池」を完成させました。これにより，世界で初めて，継続的に定常電流を得られる装置が誕生。カルヴァーニとボルタの論争は，ボルタに軍配があがり，静電気から動電気への時代が拓かれました。

　ボルタの名は電圧の単位「ボルト」（記号はV）に。ナポレオンから爵位を与えられたことも知られています。

エピソード
　乾電池を世界で初めて開発したのは，屋井先蔵（やいさきぞう）という日本人です。下級武士の子で，13歳で神田の時計店で丁稚奉公，21歳で工業学校受験に失敗。1885年，湿電池で正確に動く「連続電気時計」を発明したのですが，液体電池はもち運びが不便。そこで屋井は大学の職工となり，1887年，炭素棒にパラフィンを含浸した「乾電池」を発明，会社を設立。乾電池は量産化され，屋井は「乾電池王」と呼ばれました。

◆エミリオ・セグレ著／久保亮五・矢崎裕二訳『古典物理学を創った人々──ガリレオからマクスウェルまで』みすず書房，1992年，p.165.

電気学の父──「ファラデーの法則」などを発見

マイケル・ファラデー

イギリス ▶▶▶ Michael Faraday 1791年〜1867年

「さらに試行せよ。
　何が可能かを知るために」

数々の発明・発見が，電気エネルギーの時代を拓く

　ファラデーは，塩素の液化やベンゼンの単離など実験化学で優れた業績をあげたのち，電磁気研究に専念。電流の磁気作用から電磁気回転を作る実験に成功。その逆作用として，1831年に電磁誘導の法則を発見しました。電動機（モーター），発電機，変圧器も発明し，電気エネルギーが文明を支える時代が始まったのです。

　1833年，電気分解の法則（ファラデーの法則）を見いだし，さらに，光の偏光面が磁場によって回転する「ファラデー効果」，真空放電におけるファラデー暗部や反磁性物質も発見。ファラデーの業績から現代の電気技術が発展しました。

　「電気学の父」と称えられます。

エピソード

　貧しい鍛冶（かじ）職人の子に生まれたファラデーは，小学校卒業後，製本工場に奉公。その間に多数の本を読み，科学，特に電気に興味をもつようになりました。絵が上手で，実験装置を精確に描き写しては独学で実験。科学の講演を聴いたことがきっかけで，王立研究所の高名な教授に見いだされ，実験室助手から実験室長に就任。ファラデーは名誉や富を求めない人格者として，また，子ども向けクリスマス講演「ロウソクの科学*」でも知られます。

＊ロウソクの科学：1本のロウソクの製法をきっかけに，科学の精神を生き生きと伝えた（ファラデー著／竹内敬人訳『ロウソクの科学』（岩波文庫），岩波書店，2010年）。

◆Bence Jones and Michael Faraday, *The Life and Letters of Faraday Vol. II, Cambridge Library Collection - Physical Sciences*, Cambridge University Press, 1870, p.483.

実用的なダイナモ（自励式発電機）の開発に成功

ヴェルナー・フォン・シーメンス

ドイツ ▶▶▶ Ernst Werner von Siemens 1816年〜1892年

「アイデアだけなら，
　ほとんど価値がない。
　発明における価値は，
　実際に使えてこそ存在するのだ」

電機・通信の大手多国籍企業「シーメンス」の創業者

貧しい家に生まれたシーメンスは，学校を中退して陸軍に入隊し，工学を学びました。

技術将校として勤務中に「電磁式指針電信機」と「地下ケーブル」を発明。除隊後の1847年，機械工のハルスケとともにシーメンス・ウント・ハルスケ電信機製造会社を設立し，国際的な企業に育て上げました。

1866年，ダイナモ（自励式発電機）を発明し，蒸気機関に代わる新たな電気の動力（電力）が誕生しました。1879年には電気機関車を実用化，1880年には世界初の電気式エレベーター開発に成功。

電気工学の分野で目覚ましい活躍を続けました。

> **エピソード**
>
> コンダクタンス（導電率）の国際単位系である「ジーメンス」（siemens，記号はS）は，彼の名が由来。ちなみに，鉄鋼用のシーメンス平炉の発明者，蓄熱式加熱法を用いたガラス用のシーメンス炉の発明者は，14人兄弟中の他の2人。

◆SIEMENS「FOUNDERS」，https://www.siemens.com/global/en/home/company/about/history/people/founders.html（参照 2018.11）．

放射線の研究でノーベル賞を2度受賞

マリー・キュリー

ポーランド／フランス ▶▶▶ Maria Skłodowska-Curie 1867年〜1934年

「人はみな，
　何らかの天分に恵まれているもの」

原子時代の扉を開いた"キュリー夫人"

　マリー・キュリーは，ポーランドに生まれフランスで活躍した物理学者，科学者です。マリーは物理，化学，数学の勉学に励み，やがてフランス人科学者ピエール・キュリーと結婚。2人は放射線の発見者ベクレルの影響を受け，ウラン鉱石の精製からラジウムとポロニウムを発見し，原子核の自然崩壊，放射性同位元素の存在を実証。

　1903年，マリーは夫とベクレルとともに，女性では初のノーベル賞を受賞（物理学賞）。1911年には化学賞で初の2度目のノーベル賞受賞。当時，放射性物質は，幸せをもたらす魔法の物質，夢の薬品などとして販売されました。

　マリーによって放射線研究は進歩を遂げ，今日では医療や産業などに活用されています。しかしその一方で，原子爆弾や原子力発電所の事故といったリスクが問われています。

エピソード	「ポロニウム」はマリーの祖国ポーランドが語源，「放射能」の命名も彼女。ノーベル賞を2度受賞したマリーですが，爆薬によって創設された賞を評価することはありませんでした。亡くなった夫の後任として，女性では初のパリ大学教授に就任。再生不良性貧血により66歳で死去。彼女が残した研究ノートは，いまも放射線を出し続けているといいます。

◆エーヴ・キュリー著／河野万里子訳『キューリー夫人伝』白水社，2014年，p.229.

ダイナマイトを発明し，ノーベル賞の設立を遺言

アルフレッド・ノーベル

スウェーデン ▶▶▶ Alfred Bernhard Nobel 1833年〜1896年

「人類に対して
　最も偉大なる貢献をなしたる人物に
　授与するものとする」

ダイナマイト発明は，工事のためだった

　父親の事業の失敗でロシアに移住し機械や爆発物の製造，合板発明で成功。家庭教師について化学や複数の語学を学びました。

　パリ，アメリカに学んでペテルブルグに戻り，父の工場で働きましたが，クリミア戦争終結後に再び破産し，スウェーデンに帰国。爆発物の研究をはじめ，少しの振動でも爆発する大変危険な液体ニトログリセリンのもち運びと取り扱いの安全化の研究に着手し，1867年に特許を取得。珪藻土(けいそうど)を使ってより安全なダイナマイトを開発，50か国で特許を得て，100近い工場で生産。世界中のトンネル工事や土木工事に使われました。

　ノーベルは大富豪となりましたが，一方でダイナマイトは，戦争兵器として大量殺戮に使用されるようになりました。

エピソード
　ノーベルは自分の発明が兵器に使われることに悲しみ，また兄が亡くなった際に，新聞が自分と間違えて「死の商人，死す」と報道したことから，巨万の財産を基金とするノーベル賞の設立を遺言しました。国籍を問わず人類に多大な貢献をした人物に授与されます。現在は5部門と1分野が設けられ，授賞式はノーベルの命日である12月10日に行われます。

◆ケンネ・ファント著／服部まこと訳『アルフレッド・ノーベル伝――ゾフィーへの218通の手紙から』新評論，1996年，p.548.

第4章

第二次産業革命

石油，電力の利用で大量生産，大量消費が始まった

　19世紀後半から20世紀初頭の頃まで，ドイツ，フランス，アメリカなど，イギリス以外での工業力が目覚ましく伸び，時代は大量生産，大量消費へと移行。蒸気機関の発明で始まった産業革命とは異なる技術革新が進みました。

　この章では，ベンツ，フォード，モールス，ベル，エジソン，イーストマン，テスラ，リュミエール兄弟，ベークランド，マルコーニの業績を紹介し，便利な社会を作り上げたテクノロジーに注目します。

自動車の生みの親──実用的なガソリン車を発明
カール・フリードリヒ・ベンツ

ドイツ ▶▶▶ Karl Friedrich Benz 1844年～1929年

「私が何よりも
　情熱を注いでいるものは発明である。
　その情熱は決して冷めることはない」

内燃機関のさまざまな技術を開発

　蒸気機関が発明されてからわずか1世紀後の19世紀後半。機関車運転手の息子だったベンツはエンジニアを志し，総合技術学校で内燃機関を学びながら，自由に走る乗物を思い描いていました。

　さまざまな工場で働いたのちに独立。2ストロークエンジン＊について熱心に研究を続けた彼は，1879年にエンジンの始動に成功。その後，速度制限機構，電池を使って火花を発生させる点火プラグ，キャブレター，クラッチ，ギアシフト，ラジエーターも開発。そして1886年1月29日，原動機付き三輪自動車「パテント・モトールヴァーゲン」にドイツ政府から特許が与えられ，ベンツは世界で初めてガソリン自動車を発明したエンジニアとなりました。

　また，夫の発明を広めたい一心で約100kmの長距離旅行を行った妻のベルタは，世界初の女性ドライバーといわれます。

＊2ストロークエンジン：2行程（ピストンが1往復）で，吸気・圧縮・爆発・排気の全行程を行うエンジン。

エピソード　同じ頃，ゴットリープ・ダイムラーがモーターを積んだ四輪自動車「モトールキャリッジ」を完成させました。互いを知らなかった2人でしたが，のちに合併してダイムラー・ベンツ社を誕生させました(現在のダイムラー社)。当初は時速20kmほどだった自動車は，間もなく移動や輸送の主役を担うまでになりました。

◆Mercedes-Benz「発明への情熱は決して消えることはない」，http://www.mercedes-benz.jp/news/release/2011/20110129.pdf（参照 2018.11）．

自動車の育ての親──大量生産に成功

ヘンリー・フォード

アメリカ合衆国 ▶▶▶ Henry Ford 1863年〜1947年

「神は弱者の召使ではない。
　神は全力を出しきった者のために
　存在するのである」

"庶民が購入できる自動車"を実現

　農家に生まれたフォードは，機械が大好き。16歳で学校を中退し機械工となり，蒸気機関の操作に熟達。のちに会社を設立し，自動車製造に専念。農道も走ることができ，誰でも運転できる機械，すなわち自動車を作る夢を会社で実現させていきました。

　1908年，ついにガソリン自動車「Ford Model T」（T型フォード）が誕生。フォード社は，ベルトコンベアによる組立ライン生産方式を導入して大量生産を行い，庶民が購入できる自動車が実現しました。また同社は，労働者の賃金を上げ，福利厚生制度も導入。

　自動車大衆化と大量生産方式は，20世紀の工業社会の先駆けとなりました。

エピソード

　ベンツが「自動車の生みの親」なら，フォードは「自動車の育ての親」にあたります。トーマス・エジソンはフォードを「アメリカに車輪をつけた」と評価。フォードは若い頃エジソンの会社でエンジニアとして働いたことがあり，1896年にはパーティー会場で，尊敬するエジソンに自動車への夢を語り励まされた，といわれます。

◆ヘンリー・フォード著／竹村健一訳『藁のハンドル』（中公文庫），中央公論新社，2002年，p.150.

:電信の父──モールス電信機を発明

サミュエル・モールス

アメリカ合衆国 ▶▶▶ Samuel F. B. Morse 1791年〜1872年

「これは神のなせるわざなり」

"妻の死"がきっかけで，早馬より速い連絡方法の開発を決意

　18世紀の後半，通信手段は手紙か早馬，腕木の組み合わせで通信する腕木通信でした。しかし1800年にボルタが電池を発明して以来，電流による通信方法が考えられ始めました。

　モールスはもともと画家で大学教授。30代後半にヨーロッパに遊学し，1832年にイギリスから帰国する船のなかで，学者から電磁石の実験を見せられ，遠距離通信に関心をもつようになりました。

　1838年，電流の断続の組み合わせを符号化，継電器によって電流の断続を機械的な運動に変え記録がとれる電信機を発明。この方法は広く採用され，モールスは「電信の父」と呼ばれます。

　1844年5月24日の長距離実験での最初のメッセージは，旧約聖書の言葉「これは神のなせるわざなり」でした。

エピソード

　1825年，肖像画を依頼され，自宅から約450kmも離れたワシントンへ出かけていたとき，「妻危篤」の知らせが届きました。早馬で帰宅したのですが，最期を看取るどころか埋葬も終わっていました。このことがきっかけで，モールスは馬より速い連絡法の開発を決意した，といわれています。

◆Samuel F. B. Morse, *His Letters and Journals Vol.2*, Cambridge University Press, 1914, p.222.

電話を発明, AT&T社の母体を設立

アレクサンダー・グラハム・ベル

スコットランド ▶▶▶ Alexander Graham Bell 1847年〜1922年

「偉大な発明や発見は…
小さいものを観察することから
生まれる」

聴覚障害者のための教育，学校設立，科学教育にも熱意

　1875年6月の暑い晩，アメリカ・ボストンのウィリアムズ電気工場の屋根裏部屋でのこと。ベルは受信室にいて，助手のワトソンは送信室で多重電信の実験を行っていました。すると突然，送信室の銅バネの「ブーン」という音が，ベルのレシーバーに響いたのです。

　驚いたベルはワトソンのところに飛んできて，「君は何をしたんだ？　そのまま何も動かすな。ぼくに見せてくれ！」と，叫んだといわれています。

　1876年3月10日，ベルが人間の声を初めて電流にのせたのは，「ワトソン君，ちょっと来てくれたまえ」という言葉でした。

　電話の発明は，衝撃と驚異を全世界に与えました。

エピソード	母と妻は聴覚障害，父親は視話法*の考案者だったことから，ベルは聴覚障害者教育に携わり，学校も開校，聴覚機器や音響学の研究も行いました。ヘレン・ケラーに家庭教師としてサリヴァン女史を紹介したのも，彼でした。音波振動を電流に変えて，回路の他の端で再生する研究を完成させ，ろう教育や科学教育，また科学雑誌『Science』の創刊を支援しました。 ＊視話法：聴覚障害者に対して，発音時の口の開き方を図示し，発音を習得させる方法。

◆オーウェン・ギンガリッチ編／ナオミ・パサコフ著／近藤隆文訳『オックスフォード科学の肖像 グラハム・ベル』大月書店，2011年，p.27.

蓄音機,電球,映写機… 電化の発明王

トーマス・アルバ・エジソン

アメリカ合衆国 ▶▶▶ Thomas Alva Edison 1847年〜1931年

「大事なことは,
　君の頭の中に巣くっている
　常識という理性を
　綺麗さっぱり捨てることだ」

不屈の精神と行動力で，
アイデアをカタチに

　小学校を中退したエジソンは，電気や化学の実験に熱中。12歳頃から働き始め，15歳頃には電信技師となり，独学で学び続けていました。

　転機は22歳の頃，発明した株式相場表示機が高額で買い取られたのです。その利益をもとに1876年，ニュージャージー州メンロ・パークに研究所を設立し，発明家への道を邁進。1877年には音を記録して再生する蓄音機（フォノグラフ）を発明。1879年には，灯油やロウのように火事の危険がなく，連続点灯時間が長く実用化に耐える白熱電球を発明。また動く画像を再現できる映写機も発明。

　事業化を前提とした1300件超の数々の発明品と特許は，人々の生活を電化生活へと一変させました。

> **エピソード**
>
> 　白熱電球の開発での課題は，フィラメント*の材料でした。エジソンは世界中に調査員を送り，6000種以上の有機繊維を試し，京都産の竹が最適という結論に達しました。エジソンは，電球のような家電を含め発電から送電までの電気の事業化に取り組みましたが，訴訟も多く，評価は分かれています。
>
> ＊フィラメント：電球の内部にあり，電流を流して熱電子を放出する細い線。

◆浜田和幸著『快人エジソン──奇才は21世紀に甦る』日本経済新聞社，1996年，p.104.

ロールフィルムを発明，イーストマン・コダックの創業者

ジョージ・イーストマン

アメリカ合衆国 ▶▶▶ George Eastman 1854年～1932年

「あなたはシャッターを押すだけ，
　あとは当社にお任せください」

"誰でも写真が撮れる時代"の生みの親

　家計を支えるために14歳から働いていたイーストマンは，銀行で働いていた24歳の頃，写真に興味をもちました。当時の写真は湿板を用いる方法で，撮影も現像も大変でした。イーストマンはこれを改良しようと，昼は銀行で働きながら，夜は家の台所で研究と実験に取り組みました。

　そしてガラス版に代わり，ロールフィルムを開発し，1881年に自分の会社を設立。1888年，ロールフィルムだけを使用する世界初の大衆用カメラ「ザ・コダック」を発売。面倒な現像や焼き付けを自社で行うシステムを実現し，誰でも写真が撮れる時代を拓きました。

　イーストマンの事業は大成功。慈善事業にも熱心に取り組み，多くの学校や病院などに寄付したことでも知られています。

エピソード　1878年，旅行の計画を立てたイーストマンに，銀行の同僚が写真を撮るように勧めました。イーストマンは高額な機材一式を購入し，その技術も習得したのですが，大量の機材一式を旅行先に運ぶことはできませんでした。この苦い経験がコダックを生む発端になった，といわれています。

◆Kodak Alaris「Kodakの歴史」，http://www.jp.kodak.com/global/ja/corp/historyOfKodak/historyIntro_ja.jhtml?pq-path=2687（参照 2018.11）．

交流方式,ラジオ,蛍光灯など多数発明

ニコラ・テスラ

クロアチア／アメリカ合衆国 ▶▶▶ Nikola Tesla 1856年～1943年

「発明こそ,
　人間がもつ創造的な脳による,
　何より重要な産物なのだ」

電灯の普及に貢献

　大学在学中に交流モーターの原理を考案。卒業後に渡米しエジソン電灯会社に入社しましたが，直流方式を展開する同社に交流方式を提案し，エジソンと対立して失職。自身の会社（テスラ電灯会社）を設立。ウェスティングハウス社の顧問となり，交流モーターを開発したほか，ラジオ，X線装置，蛍光灯，無線操縦ロボットなどを発明しました。

　交流電気方式により電気を効率的に遠くまで送ることが可能になり，人間の夜間活動，動力機械の普及に大きく貢献しました。放電実験で有名なテスラコイル（共振変圧器）や，壮大な全地球的送電システム（世界システム）の提唱も知られます。

　磁束密度の単位「テスラ」（記号はT）は，彼の名にちなみます。

エピソード　　ナイアガラの滝を利用する水力発電システムの採用をめぐる，テスラ（交流派）とエジソン（直流派）の対決は，「電流戦争」と呼ばれます。結果は交流方式が採用され，現在の電力供給方式になりました。電気自動車などのメーカー「テスラ」は，ニコラ・テスラに対する敬意を表して命名されました。

◆ニコラ・テスラ著／宮本寿代訳『ニコラ・テスラ　秘密の告白──世界システム＝私の履歴書　フリーエネルギー＝真空中の宇宙』成甲書房，2013年，p.1.

映画の父──撮影兼映写機,カラー写真を開発

リュミエール兄弟

フランス ▶▶▶ 兄オーギュスト Auguste Marie Louis Jean Lumière 1862年～1954年,
弟ルイ Louis Jean Lumière 1864年～1948年

映画上映を,世界で初めて実現

映画は娯楽と学術の発展を導いた

　リュミエール兄弟の父親は画家兼肖像写真家で，のちに写真乾板の製造業で隆盛を極めていました。早くから家業を手伝っていた兄弟は，パリで父親が見たエジソンのキネトスコープ（箱のなかを覗き込んで映画を見る装置）に刺激され，1895年，映像をスクリーンに写す撮影兼映写機「シネマトグラフ」を発明しました。

　最初の作品は，自分たちの工場から出てくる職工たちを撮影した『リュミエール工場の出口』。1895年12月28日，パリのカフェの地下室で10本の作品を初めて有料で公開，映写時間は合計約20分でしたが，一大センセーションを巻き起こし，世界初の商業映画誕生の日となりました。1907年には世界初のカラー写真（オートクローム）を発明。

　映像の記録が可能になり，娯楽にとどまらず学術の発展にも大きく貢献しました。

エピソード	約50秒の『ラ・シオタ駅への列車の到着』では，汽車が自分たちに向かってくると観客が大騒ぎしたといわれます。兄弟は世界を記録するプロジェクトにも着手し，カメラマンを派遣して約1500本の記録映画を撮影。日本の明治時代の風俗も撮影されました。フランスのリュミエール美術館で見ることができます。

プラスチックの父——合成樹脂「ベークライト」

レオ・ベークランド

ベルギー／アメリカ合衆国　▶▶▶　Leo Hendrik Baekeland　1863年～1944年

「燃えない。溶けない」

"どんな形でも作れる優れた材料"の登場

　プラスチックの語源はギリシャ語のプラスティコスに由来し，柔らかく形を自由に作ることができるという意味。19世紀後半には，松脂，天然ゴム，ラック貝殻虫の分泌液などの天然樹脂を使用した貴重な工業材料を指していました。

　アメリカでは1869年に，ビリヤードの球の原料としてセルロイドが実用化されましたが，燃えやすく劣化が早いという欠点がありました。

　そこでベークランドは，フェノールとホルムアルデヒドの反応時の圧力と温度を制御し，1907年に世界で初めて完全に人工的な合成樹脂「ベークライト」を発明しました。

　電化が進んだ20世紀初頭以降は，電気機器の絶縁体をはじめ自動車の部品，調理器具の取っ手など，さまざまな形に成形できる材料として広く生産され，ベークランドは巨万の富を得ました。

エピソード	ベークライトは，今日では改良プラスチックにその座を譲りましたが，いまも麻雀牌やチェスの駒などに使用されています。ちなみにセルロイドの開発は，アフリカゾウの乱獲によって，ビリヤードボールの材料となる象牙不足となったメーカーの公募がきっかけでした。

◆Bakelite Museum，http://www.bakelitmuseum.de/home/home1024e.htm（参照 2018.11）．

無線通信を開発し,船舶との通信を実現

グリエルモ・マルコーニ

イタリア ▶▶▶ Guglielmo Marconi 1874年～1937年

「科学の最も魅力的な側面は,
　それが人間を夢の追求に
　駆り立ててくれることだ」

"放送の時代" が始まるきっかけに

　若い頃から電気に興味をもっていたマルコーニは，ドイツの物理学者ヘルツの実験に興味をかきたてられ，電波を使った無線電信の実験を自宅で始めました。イタリアでは注目されなかったのですが，イギリスの支援を受けて無線電信会社を設立しました。

　1899年にはイギリスとフランス間のドーバー海峡を隔てた通信に成功。1901年，27歳の頃，大西洋を横断するイギリスとカナダ間，約3200kmの通信でモールス信号の「s」の送信に成功。マルコーニの通信成功は世界に大きな衝撃を与えました。

　これにより，船舶との連絡が可能になり，さらに技術が急速に進展，無線通信や放送が発展する出発点となりました。

エピソード	無線普及以前には，海上の船と陸の連絡はとれませんでした。1912年，タイタニック号が氷山に衝突したとき，救難信号（SOS）が発信されましたが，付近を航行中の船舶にはまだ無線設備が整備されておらず，受信した船は93kmも離れていました。しかし，現場に急行した船によって700人以上が救助され，船舶無線普及が加速するきっかけとなりました。

◆デーニャ・マルコーニ・パレーシェ著／御舩佳子訳『父マルコーニ』東京電機大学出版局，2007年，p.220.

第5章

第三次産業革命

エレクトロニクスによる先端技術の時代

　鉄道，自動車に続き，20世紀に入ると飛行機が登場。また電気の普及により通信技術が発達し，電話やラジオ，テレビが登場します。さらに物の性質を研究する物理学や，化学の成果をもとに誕生したエレクトロニクスの時代が到来。製品の小型化や消費電力の低下を実現させた電化製品が次々と誕生していきました。

　一方，開発した技術を軍事に使用したり，軍事目的で技術開発を行う事例が増加。テクノロジーの使途が懸念される時代となりました。

　この章では，ライト兄弟，ベアード，ブラッテン，バーディーン，ショックレー，ノイスが開発した技術を紹介します。

動力飛行機を発明し，有人飛行に成功

ライト兄弟

アメリカ合衆国 ▶▶▶ 兄ウィルバー Wilbur Wright 1867年〜1912年，弟オーヴィル Orville Wright 1871年〜1948年

「真実とされていることを
　前提に取り組んだら，
　進歩の希望はほとんどない」

（オーヴィル・ライト）

偉業が認められるまで約 40 年かかった

　幼いライト兄弟は，父親が旅行土産に買ってきたヘリコプターのおもちゃに夢中になりました。高校を出た兄弟は，やがて自転車店を営みながら飛行術の研究に没頭。過去のデータ分析，操縦術の開発，風洞による翼の流体力学的測定，グライダーの飛行実験をし，さらに自動車の発明で軽量化していたエンジンとプロペラを自作しました。

　そして 1903 年 12 月 17 日，ノース・カロライナ州のキティ・ホークで，ライト・フライヤー 1 号機は距離にして 260m，飛行時間 59 秒を飛び，有人動力飛行に成功しました。これを目撃したのはわずか 5 人。しかし実験後も大学教授やマスコミは，「機械が空を飛ぶことは科学的に不可能」とコメントや記事を発表していました。1908 年にはフランス，1909 年にはニューヨークで公開飛行を行い，名声は極まりましたが，技術は急速に拡散し，多数の飛行機が開発されていきました。

　その後，第一次世界大戦（1914 年〜 1918 年）では兵器として使用され，科学技術の戦争利用が鮮明になりました。アメリカの国立スミソニアン協会が兄弟の偉業を認めたのは，ずっと後の 1942 年のことでした。

エピソード	ライト兄弟よりも先に飛行機の「原理を発見」したとされる日本人がいます。愛媛県出身の二宮 忠 八（にのみやちゅうはち）。陸軍在職中の 1893 年，有人飛行を前提に縮小模型を製作し，軍にエンジン搭載の支援を求めるも実現せず，その後ライト兄弟の成功を知って研究を中止しました。

◆ The Official Licensing Website of The Wright Brothers，http://wrightbrothers.info/（参照 2018.11）．

テレビジョンを発明

ジョン・ロジー・ベアード

スコットランド ▶▶▶ John Logie Baird 1888年〜1946年

「無線で見ることができる
　機械を作った」

世界初，動画の遠距離送受信に成功

　1800年代半ば，音や画像を送る技術はありましたが，動画はまだ送れませんでした。1884年，ドイツのパウル・ニプコーが渦巻き状に穴を開けた円板を回転させ画像に光を当てて走査線を作り，それを電気信号にするシステムを考案（ニプコー円板）。以来多くの技術者がテレビジョン開発を繰り広げました。

　一大転機をもたらしたのは，ベアードです。1925年，ベアードはニプコー円板をもとに発明した機械走査方式で，史上初めて動く物体の映像の送受信に成功。1927年にはロンドンとグラスゴー間約700km，1928年にはロンドンとニューヨーク間のテレビジョン送受信にも成功。さらに，史上初のカラーテレビ公開実験にも成功。

　その後テレビジョンは機械式から電子式へと進化し，政治や経済，事件や事故を動画で伝え，また教育や娯楽に活用されるなど，社会に大きな影響を与える存在になっていきました。

> **エピソード**　ベアードは自分の発明を世間に知らせようと，新聞社を訪れました。しかし，応対した編集者は同僚に次のように言ったと伝えられています。「下の受付にいるおかしな奴を追い払ってくれ。無線で見られる機械を作った，なんていってやがる。気をつけろ，カミソリをもっているかもしれないから」。

◆John Logie Baird, *Television and Me: The Memoirs of John Logie Baird*, Mercat Press, 2004.
◆Bairdtelevision.com, http://www.bairdtelevision.com/（参照 2018.11）．

トランジスタを発明
ウォルター・ブラッテン
ジョン・バーディーン
ウィリアム・ショックレー

アメリカ合衆国 ▶▶▶ Walter H. Brattain 1902年～1987年, John Bardeen 1908年～1991年, William B. Shockley 1910年～1989年

「これは通信の新時代の幕開けであり，
　どれほど途方もないことが
　待ち受けているのか，
　想像もつきません」

（マービン・ケリー）

エレクトロニクスの時代が始まった

　ベル研究所では，レーダーの反射波を検知する研究で半導体のゲルマニウムに注目。バーディーンとブラッテンは，微量の不純物を加えたゲルマニウムで電流の増幅作用が生じる点接触型トランジスタを，1947年に発明しました。さらに1948年，ショックレーがこの現象を増幅に利用できる可能性に気づき，接合型トランジスタを発明。

　真空管にくらべ消費電力が少なく寿命も長く，さらにスイッチ機能をもつなど大きな利点がありました。3人は1956年にノーベル物理学賞を受賞。トランジスタは，ラジオ，テレビなどさまざまに応用されIC*，LSI**に発展。コンピュータをはじめ電子機器の小型化・高性能化の道を拓き，人間の暮らしを大きく変えていきました。

　トランジスタは transfer（伝達）と resistor（抵抗）を組み合わせた言葉。ショックレーは"問題児"でもありましたが，結果的にシリコンバレー発展のきっかけを作りました。

＊ IC：Integrated Circuit，集積回路。
＊＊ LSI：Large-Scale Integration，Large-Scale Integrated Circuit，大規模集積回路。

エピソード　ベル研究所副所長のマービン・ケリーは，電話の特許が切れたあと大陸横断電話の開発を考えましたが，真空管は寿命が短く不安定で新たな増幅器が必要でした。そこで，この3人の物理学者を採用し，トランジスタの開発を成功させたため，スピリチャル・ファーザーと呼ばれています。

◆ジョン・ガートナー著／土方奈美訳『世界の技術を支配するベル研究所の興亡』文藝春秋，2013年，p.131.

集積回路（IC）を発明

ロバート・ノートン・ノイス

アメリカ合衆国 ▶▶▶ Robert Norton Noyce 1927年〜1990年

「楽観主義は
　　イノベーションに欠かせない要素だ」

コンピュータを支える IC 時代の幕開け

　トランジスタの発明後，半導体は軍事，コンピュータ，民生機器などへと広がろうとしていました。しかし，システムの大型化と複雑化によって，部品間の相互結線数が増大し配線数とハンダ付け箇所が多くなり，性能，コスト，信頼性，サイズが問題に。

　そこで，トランジスタ，抵抗，コンデンサーなどの複雑な回路を小さな1枚の「チップ」にまとめて作り込んだものが集積回路（IC）です。1959年，アメリカのテキサス・インスツルメンツ社のキルビーは1枚の半導体基板に各種の電気部品を集積する方法で，フェアチャイルド社のノイスは基板の酸化膜上に蒸着した金属膜を加工する方法で，集積回路を開発。これがIC時代の幕開けとなりました。

　現在のコンピュータやデジタル機器を支える主要技術です。

エピソード
　ノイスは，ショックレーに招かれて彼の研究所に移りましたが，1957年にムーア*らを伴ってフェアチャイルド・セミコンダクター社を設立し独立。1968年に再びムーアやグローヴ**とともにインテルを設立。マイクロプロセッサの開発従業員を家族のように遇し，チームワークを重視する経営スタイルは，その後のシリコンバレーで成功した各企業に受け継がれました。
　＊ゴードン・ムーア：インテル創業者のひとり。「半導体の集積率は18か月で2倍になる」というムーアの法則で有名。名誉会長を務める。
　＊＊アンドルー・グローヴ：ハンガリー動乱でアメリカに移民。のちにインテルに3番目の社員として入社。CEO を務めた。

◆マイケル・マローン著／土方奈美訳『インテル――世界で最も重要な会社の産業史』文藝春秋，2015年，p.426.

第6章

電子計算機の登場

より早く,より正確に,さらに広く

　最古の計算機は古代ギリシアに発明されたといわれます。しかし,急速に発展するのは第二次世界大戦においてです。手計算していた複雑な暗号の解読や,煩雑な爆弾の理論計算に,いかに早く答えを出すかが課題でした。

　エレクトロニクスの発達により高機能,低価格,小型化が実現。個人の利用やコンピュータ同士をネットワークで結ぶ時代になりました。数学者や物理学者が中心となり急速に発展していきましたが,倫理的な課題もはらんでいました。

　この章では,チューリング,ノイマン,エッカート,モークリー,リックライダー,クーパーが開発した技術を紹介します。

コンピュータ科学と人工知能の父

アラン・マシスン・チューリング

イギリス ▶▶▶ Alan Mathieson Turing 1912年〜1954年

「『機械は考えることができるか』
　という最初の問題自体,
　議論するに値しないほど
　無意味なものになっているだろう」

天才数学者にして，コンピュータの開発者

　大学で数学を専攻したチューリングは，1936年に人間の論理思考を機械にたとえた論文「計算可能な数について」を著しました。そのモデルは「チューリング・マシン」と呼ばれ，コンピュータの基本的構造を決める仮想的機械になりました。

　その後，第二次世界大戦で解読不可能とされたドイツ軍の暗号エニグマの解読チームの一員になり，電気と歯車で動く機械を製作。そして解読手法（現在のソフトウェア）を開発し，遂に解読に成功。戦後は，現在のコンピュータにつながる論理装置を一般化，電子式デジタル・コンピュータの開発に取り組みました。

　人工知能の開拓者と呼ばれるほか，コンピュータを使ったゲームや音楽，ネットワーク，ロボット，人工生命の研究も行いました。

> **エピソード**
> 　チューリングのエニグマ解読によって，ドイツ海軍のUボートの位置が把握でき，数百万人の命が救われ，連合軍は勝利に導かれました。暗号解読は言語学者から計算機科学者の仕事となり，コンピュータの誕生と発展に至りました。機械が知的かどうかを判定する方法「チューリング・テスト」も考案。2014年公開の映画『イミテーション・ゲーム』（製作アメリカ）は，チューリングの伝記映画です。

◆高橋昌一郎著『ノイマン・ゲーデル・チューリング』（筑摩選書），筑摩書房，2014年，p.195.

コンピュータの父——基本構造を設計

ジョン・フォン・ノイマン

ハンガリー／アメリカ合衆国 ▶▶▶ John von Neumann 1903年〜1957年

「我々が今生きている世の中に
　責任をもつ必要はない」

「ノイマン型コンピュータ」と「ゲーム理論」

　ブダペスト生まれのノイマンは，幼い頃から神童と呼ばれるほど優秀な少年でした。大学では数学，物理，化学の博士号を取得。アメリカに移住し，マンハッタン計画（原子爆弾開発計画）に参加。そのときに携わったのが，爆縮レンズの開発，爆薬の32面体の配置，効率的な爆発高度の計算でした。その計算に10か月もかかったことが，ノイマンが電子計算機の開発に着手した理由だといわれています。

　そしてノイマンは，プログラム内蔵方式コンピュータの概念と情報処理の構造を発表。現在のパーソナルコンピュータの基本構造である「ノイマン型コンピュータ」を設計しました。ノイマンはまた，経済学の原理を数学で説明する「ゲーム理論」を発表し，政治や経済にも大きな影響を与えました。

　科学が先行したものづくりが社会に大きな影響をもたらす時代が到来しました。

エピソード

　第二次世界大戦中のマンハッタン計画に参加していたとき，ノイマンは，物理学者のエンリコ・フェルミとリチャード・ファインマン（両者ともノーベル賞受賞者）と3人で，水爆の効率概算を競いました。ファインマンは手回し式計算機，フェルミは計算尺を使い，ノイマンは暗算。結果はノイマンが最も早く正確でした。あまりの頭の良さに，ノイマンは"火星人"，"悪魔の頭脳をもつ男"ともいわれました。

◆R. P. ファインマン著／大貫昌子訳『ご冗談でしょう，ファインマンさん(上)』(岩波現代文庫)，岩波書店，2000年，p.226.

世界最初のコンピュータ「ENIAC」を開発
ジョン・エッカート
ジョン・モークリー

アメリカ合衆国 ▶▶▶ John Presper Eckert 1919年〜1995年, John William Mauchly 1907年〜1980年

"1秒で5000回の加算"を実現

人手で7時間かかっても，ENIACでは3秒！

　世界最初のコンピュータは1946年，第二次世界大戦での大砲の弾道計算を目的とした「電子式数値積分コンピュータ」，略称は「ENIAC*」。考案・設計したのは，ペンシルベニア大学電気工学科のジョン・エッカートとジョン・モークリーです。1秒間に5000回の加算（足し算）が可能となり，それまで人手で7時間近くかかった計算が，ENIACではわずか3秒でできるようになりました。

　しかし，このENIACは約1万8000本の真空管，1500個のリレー（継電器），7万個の抵抗器と1万個のコンデンサなどで構成され，長さ30m，高さ3m，奥行1m，重さ30t。消費電力は150kwで，倉庫1棟分のスペースを要しました。

　製造されたのは1台のみで，1955年に雷が原因で停止してしまいました。

＊ENIAC：Electronic Numerical Integrator and Computerの略称。

エピソード
　ENIACは現在のコンピュータとは違い，二進法ではなく十進法だったこと，プログラムは内蔵ではありましたが計算や伝送を電気的に行うこと，専用計算機ではなく汎用機だったことで，高速な動作が可能になりました。弾道計算のほか，天気予報，原子核反応などの計算に使用されました。

◆スコット・マッカートニー著／日暮雅通訳『エニアック：世界最初のコンピュータ開発秘話——世界最初のコンピュータ開発秘話』パーソナルメディア，2001年，p.116.

コンピュータネットワークの生みの親

ジョゼフ・カール・ロブネット・リックライダー

アメリカ合衆国 ▶▶▶ Joseph Carl Robnett Licklider 1915年～1990年

論文「人間とコンピュータの共生」を発表（1960年）

インターネットの重要性を予見

　リックライダーは幼いころから工学の才能にあふれ，模型飛行機を組み立てて遊んでいました。セントルイスの大学では，物理学，数学，心理学で学士号，さらに心理学で修士号，音響心理学で博士号を取得。ハーバード大学音響心理学研究所で働いた時代に，コンピュータに興味をもつようになりました。

　そして米ソ冷戦下，コンピュータを利用した防空システムの構築に従事。その後，アメリカ国防省で指揮・指令系統の行動科学を研究し，タイム・シェアリング・システム（TSS*）やコンピュータネットワークを考察。世界で初めて運用されたパケット通信ネットワークであり，またインターネットの起源となった「ARPANET**」（アーパネット）の基本概念を示しました。そのなかでリックライダーは，コンピュータとユーザーの，より簡単な相互作用の必要性を示しました。

* TSS：Time Sharing System の略称。
** ARPANET：Advanced Research Projects Agency NETwork の略称。

エピソード

　1962年8月，地球規模のコンピュータネットワークのアイデアをまとめつつあったリックライダーは，「Intergalactic Computer Network」（銀河間コンピュータネットワーク）を論じたメモを書いています。今日のインターネットのほぼすべてを含む論文でした。リックライダーがどれだけ深く，通信におけるコンピュータの重要性と民主主義における大衆への情報伝達の重要性を理解していたかを，いまに伝えています。

◆J. C. R. Licklider, "Man-Computer Symbiosis", *IRE Transactions on Human Factors in Electronics, Vol. HFE-1,* March 1960, pp.4-11.

世界で初めて携帯電話を開発

マーティン・クーパー

アメリカ合衆国 ▶▶▶ Martin Cooper 1928年〜

「ジョエル,私は今,携帯電話からかけているんだ。本物の携帯電話だよ」

世界初の携帯電話はズッシリ重かった

　クーパーは大学で電気工学を学び，モトローラ社に入社。医療機関向けポケットベルや腕時計用の水晶振動子など，携帯式通信装置の開発に携わりました。その後，自動車電話の開発を任されましたが，クーパーは，「人が電話をかけたいのは自動車ではなくて相手の人である」とし，どこからでも相手にかけられる電話の開発に取りかかりました。

　1973年に完成した携帯電話の試作品は，重さ約1.1kg，電池の寿命は20分。重くてレンガのようだったので，愛称は「レンガ」。あまりの重さに，もっているのがやっとでした。

　その後，携帯電話の技術進展は目覚ましく，コンピュータ機能も備え，人々の生活を大きく変化させ続けています。2014年，携帯電話の台数は世界人口を上回り普及。コンピュータ機能も備えて，人々の生活を大きく変化させました。

> **エピソード**
>
> 　クーパーが電話したジョエルとは，ライバル会社であるベル研究所のジョエル・エンゲル博士。1973年4月3日，場所はニューヨーク・マンハッタンの路上でした。通行人は，レンガのような物体を耳に押し当て，ひとりで話しながら歩く紳士に，困惑の表情を隠しきれなかったと伝えられています。モトローラが世界初の市販携帯電話「DynaTAC 8000X」を発売したのは，それから10年後のことです。

◆CNN.co.jp「携帯電話の誕生から40年，初の通話は？（2013.04.04 Thu posted at 15:38 JST）」，https://www.cnn.co.jp/tech/35030404.html（参照 2018.11）．

ロケット，原子爆弾

技術の進歩がもたらす希望と絶望

　20世紀はテクノロジーの発達により宇宙への関心が高まり，ジュール・ヴェルヌの『月世界旅行』は代表的ＳＦ小説となりました。そうしたなか，ロケット開発を地道に，ほぼ単独でなしとげた孤独な研究者と，第二次世界大戦下で超一流の科学者の英知を結集した原爆開発の責任者として，その成功に生涯深い後悔を背負った悲劇の研究者がいました。

　テクノロジーが人々の夢を実現する一方で，自分自身をも破滅させる爆弾の開発を可能にしたという現実をつきつけられました。

　この章では，ゴダードとオッペンハイマーが開発した技術を紹介します。

近代ロケットの父——世界初，液体燃料ロケット

ロバート・ゴダード

アメリカ合衆国 ▶▶▶ Robert Hutchings Goddard 1882年〜1945年

「何が不可能なのかを言うのは難しい。なぜなら昨日の夢は今日の希望であり，明日の現実なのだから」

宇宙への旅につながった

　19世紀末，宇宙に関するSF小説が盛んに発表されるなか，ロシアの科学者ツィオルコフスキーが世界で初めて，科学としてロケットを研究しました。世紀が変わり，ツィオルコフスキーの研究を知ったアメリカの大学教授だったゴダードは，苦心の末に1926年3月，ガソリンと液体酸素で推進する人類初の液体燃料ロケットの打ち上げに成功。飛行時間2.5秒，最高到達高度12m，到達水平距離56m，平均時速100kmでした。

　ゴダードはその後も研究を続け，1935年には速度1125kmと高度2.3kmを達成。しかし当時は，真空の宇宙での物体移動は不可能とされていたため，マスコミなどがゴダードを痛烈に批判。人間不信になりながらも，それでもゴダードはリンドバーグの援助などで単独で研究を進めました。

　ゴダードが評価されたのは，死後20年以上経った1969年でした。ゴダードは「近代ロケットの父」と称されます。

エピソード

　「高校で学ぶべき知識さえもっていないようだ」などと，ゴダードを酷評したニューヨーク・タイムズは，アポロ11号の月面着陸（1969年7月20日・米国時間）の直前に社説を撤回，「先進的な実験・研究」と彼の業績を称えました。また，彼に与えられた200超の特許は彼の死後，そのすべてをアメリカ政府が買い取りました。
　NASA最初の宇宙飛行センター「ゴダード宇宙飛行センター」（1959年設立）は，彼にちなみ命名されました。

◆NASA Goddard Space Flight Center, https://www.nasa.gov/centers/goddard/about/history/dr_goddard.html（参照 2018.11）．

原子爆弾を開発

ロバート・オッペンハイマー

アメリカ合衆国 ▶▶▶ Julius Robert Oppenheimer 1904年～1967年

「物理学者は罪を知った」

苦渋に満ちた後半生は，核兵器の国際管理を主張

　オッペンハイマーは，ハーバード大学で化学を専攻し3年で卒業。その後，留学したイギリスのケンブリッジ大学でニールス・ボーアと出会い，理論物理学を専攻し，ブラックホールの先駆的な研究に取り組みました。

　第二次世界大戦中は，1942年に始まったマンハッタン計画（原子爆弾開発計画）の一翼を担うロスアラモス研究所の所長に任命され，科学技術を結集した史上最大のプロジェクトにより原子力による爆弾開発を成功させました。1945年7月，ニューメキシコ州での核実験「トリニティ実験」ののち，原子爆弾は8月に広島と長崎に投下されました。その惨状を知ったオッペンハイマーは，水爆開発に反対。東西冷戦を背景にした赤狩り＊によって公職から追放され，生涯抑圧され続けました。

　オッペンハイマーは核兵器開発を悔み続けたまま，62歳の生涯を終えました。科学技術が人間にとって必ずしも善ではないことが，明らかになりました。

＊赤狩り：共産主義や社会主義者を政府が逮捕したり追放する行為。1950年アメリカでの上院議員マッカーシーなどの反共運動の一環。

エピソード　使うことのできない兵器を世界に見せて，戦争は無意味であることを示そうと考えていたオッペンハイマーは，原爆が従来の兵器と同様に使用されてしまったことに絶望。古代インドの聖典の一節「我は死神なり，世界の破壊者なり」を引用し，深い後悔を吐露したと伝えられます。

◆J. R. Oppenheimer, *Physics in the Contemporary World, Arthur Dehon Little memorial lecture 2*, Anthoensen Press, 1947, p.23.

第8章

日本のものづくり

わが国の技術開発のパイオニアたち

　日本の近代化は，明治政府による殖産興業，富国強兵のスローガンのもと，欧米からの技術移転に始まりました。紡織などの軽工業，鉄鋼や造船などの重工業が発達。外国の技術を受け入れるだけでなく，日本独自の技術を開発し欧米をしのぎたい，国を豊かにし先進国として認められたいという機運が高まっていきました。

　この章では，ものづくりを通したさまざまな成果のなかから，丹羽保次郎，高柳健次郎，松下幸之助，円谷英二，本田宗一郎，井深大，樫尾俊雄が開発した技術を紹介します。

NE式写真電送装置（ファクシミリ）の発明

丹羽保次郎

日本 ▶▶▶ にわ やすじろう 1893年〜1975年

「技術者は常に
　人格の陶冶を必要とする」

日本の技術を世界に知らしめた

　1920年代，日本電気に勤務していた丹羽は，欧米の技術に対し，日本独自の研究開発の必要性を感じて欧米を視察。帰国後に写真電送の研究に取り組み，1928年，国産第1号の写真電送装置（現在のファックス）を発明しました。

　同年，毎日新聞社の依頼で京都から東京に昭和天皇即位式の写真を送り，その品質と性能は外国製写真電送機を圧倒。日本の技術の優秀さを世界に知らしめることになりました。日本電気専務取締役などを経て，1949年，東京電機大学の学長に就任。

　日本の科学技術振興の第一人者として，また国際的学会であるアメリカ電気電子学会（IEEE）の前身の副会長としても活躍。特許庁が選定した日本の十大発明家に，その名を連ねています。

エピソード	技術者は人格の陶冶が必要であるとし，「技術は人なり」を唱えた丹羽は，学長になってから毎年，社会に巣立つ卒業生へのはなむけとして講義を行いました。国産技術の確立を志した日本電気での技術生活の経験をもとにしたわかりやすい内容で，その真摯な話しぶりも，卒業直前の学生の胸に響きました。

◆東京電機大学編『技術は人なり。──丹羽保次郎の技術論』東京電機大学出版局, 2007年, p.80.

世界初の電子式テレビジョンを開発

高柳健次郎

日本 ▶▶▶ たかやなぎ けんじろう 1899年〜1990年

「研究は世の中のため，
　人の幸せのために」

「イ」の字が画面に出た！

　1925年，イギリスのベアードが機械式テレビジョンの送受信実験に成功。欧米ではテレビジョンの実現に向け，機械式と電子式の2つの方式が競われていましたが，機械式が先行していました。

　日本では，20代半ばの高柳が，機械式では精細な画像表示ができないと考え，映像を電子的に撮像・表示する電子式テレビジョン技術の開発に挑戦していました。彼は小学生の頃に無線に興味をもち，東京高等工業学校（現東京工業大学）に進学。その後，関東大震災で郷里の浜松高等工業学校（現静岡大学工学部）に移り研究を始めました。

　そしてついに1926年12月25日，石英板上に墨で書いた「イ」の字をブラウン管上に電子的に表示することに成功。世界で初めてブラウン管に映像が送られた瞬間でした。

　その後，高柳は日本のテレビ技術開発のリーダーとして，戦前・戦後を通し技術革新と放送の実用化に尽力。1949年にはテレビ放送（白黒）が，1960年にはカラーテレビの放送が開始されました。高柳は「テレビの父」と呼ばれています。

> **エピソード**
>
> 　高柳が開発した電子映像ディスプレイは，テレビジョンの映像表示のみならず，電子機器の発達につれて「人間と機械の対話装置」へと発展し，パーソナルコンピュータやスマートフォンなどの情報通信端末のキーテクノロジーに進化。現在の情報通信技術社会の発展を支えています。

◆浜松市博物館『イロハのイ テレビ事始』2006年，https://takayanagi.or.jp/sub/pdf/tv-kotohajime-all.pdf（参照 2018.11）．
◆高柳健次郎財団，https://takayanagi.or.jp/index.html（参照 2018.11）．

パナソニック創業者で経営の神さま

松下幸之助

日本 ▶▶▶ まつした こうのすけ 1894年〜1989年

「志のあるところ，老いも若きも
　道は必ずひらける」

世のなかの貧しさをなくし，身も心も豊かな社会の実現を目指した

　和歌山県の農家に生まれた松下は，小学校4年で中退して大阪へ奉公に。大阪の路面電車に感動し，電気にかかわる仕事をしたいと，1910年に大阪電灯（現 関西電力）に入社して見習い工員となり，夜は関西商工学校（現 関西大倉中高）夜間部で学びました。

　1918年，二股ソケットを作る松下電気器具製作所を設立。1923年に自転車用電池ランプを開発し，その後も電気アイロン，ラジオなどの開発で，事業は拡張。洗濯機，冷蔵庫，カラーテレビ，ステレオほか各種家電を扱いました。水道哲学，ダム式経営など独特の経営理念と手腕により，事業を飛躍的に拡充させ，世界のパナソニックに。

　大企業の経営者にとどまらず，1946年にはPHP研究所，1979年には松下政経塾を創設し，多くの優秀な人材を世に送り出しました。

エピソード	世のなかの貧しさをなくし，身も心も豊かな社会の実現を目指した松下。大企業の経営者にとどまらず，高い理想をもち，その実現のために行動しました。彼の著書『道をひらく』(1968年)は，人生訓的なものから，仕事や経営の心得，政治への提言まで，著者の人柄がにじみ出る幅広い内容で，初版以来500万部を超えて読み続けられています。

◆松下幸之助著『道をひらく』PHP研究所, 1968年, p.14.

特撮の神さま,円谷プロダクションの創業者

円谷英二

日本 ▶▶▶ つぶらや えいじ 1901年〜1970年

「まず『出来る』って言う。
　方法はそれから」

技術とエンターテインメントの両立

　尋常高等小学校を卒業した円谷は，飛行機乗りを目指して日本飛行学校に入学しましたが，事故によって学校は閉鎖。新たな進路を見いだそうと，電機学校（現 東京電機大学）夜間部に入学。昼は玩具会社で働き，企画立案や商品開発に携わり，おもちゃのインターホンなどを発明しました。

　その頃偶然に映画関係者と知り合い，カメラマン助手として映画の世界へ。円谷は完成度の高い作品を目指し，撮影技術と撮影機材の研究開発，さらに特殊撮影技術の確立に情熱を傾け，さまざまな技術と機材を実現させていきました。映画『ゴジラ』は海外でも好評。さらに娯楽として定着し始めたテレビにも挑戦し，『ウルトラQ』では日本中に怪獣旋風を巻き起こし，『ウルトラマン』や『ウルトラセブン』も大ヒット。

　技術とエンターテインメント性を見事に両立させ，「特撮の神さま」と称されました。

> **エピソード**
>
> 「観ている人たちに喜びや驚きを与えたい。その喜びや驚きを糧に，想像する喜び，未来に向かう希望，平和や愛を願う優しさなどを育んでもらいたい」という思い，また決して妥協した作りを許さない姿勢が円谷にはありました。

◆右田昌万著『円谷英二の言葉──ゴジラとウルトラマンを作った男の173の金言』（文春文庫），文藝春秋，2011年，p.6.

本田技研工業株式会社の創設者

本田宗一郎

日本 ▶▶▶ ほんだ そういちろう 1906年〜1991年

「仕事の成功のカゲには,
　研究と努力の過程に
　　99％の失敗が積み重ねられている」

終始一貫，つくる喜びの人

　尋常高等小学校を卒業後，東京の自動車修理工場に徒弟奉公して，自動車の修理技術を習得しました。その後，会社を創設し，ピストンリングの製造研究を行いながら，大学の聴講生になりました。

　1948年，本田技研工業株式会社を設立。自転車用補助エンジン「A型」ののち，車体も自社製のオートバイを発売し，1953年には二輪車生産国内1位となります。1963年には四輪車に進出，1973年にはアメリカのマスキー法（大気汚染防止法）に初めて合格した低公害エンジン「CVCC」搭載の「シビック」を発売し，成功しました。一方，レースにおいて，1959年から，英国マン島T・Tレースに，さらに自動車レースの最高峰F1にも参戦。

　副社長の藤澤武夫とともにHondaを世界的企業に育てあげ，日本人初の米国自動車殿堂入りを果たしました。

> **エピソード**　戦後，自転車が主な移動手段だった1946年。旧陸軍が所有していた無線機発電用エンジンと出会った本田は，遠くの市場へ買い出しに出かける大変さを思い，自転車の補助動力として改良，発売しました。便利さが受けて，注文が殺到。1947年には，初の自社製製品，「A型」を完成させました。

◆本田宗一郎著『本田宗一郎　夢を力に――私の履歴書』（日経ビジネス人文庫），日本経済新聞社，2001年，pp.255-256.

:::ソニー創業者のひとり

井深 大

日本 ▶▶▶ いぶか まさる 1908年～1997年

「常識と非常識がぶつかったときに,
　イノベーションが産まれる」

自由闊達にして愉快なる理想工場

　早稲田大学在学中に「走るネオン」を開発し，パリ万博で優秀発明賞を受賞。1946年に盛田昭夫らとともに従業員数約20名の「東京通信工業」（現 ソニー）を設立しました。

　井深は，会社設立の目的を「技術者がその技能を最大限に発揮することのできる"自由闊達にして愉快なる理想工場"を建設し，技術を通じて日本の文化に貢献すること」と記し，「人のやらないことをやる」というチャレンジ精神のもと，数々の日本初，世界初の商品を打ち出しました。

　テープレコーダーやトランジスタラジオの開発をはじめ，トリニトロンカラーテレビ，ウォークマン®など独創的な大ヒット商品を世に送り出し，日本のみならず世界の音響機器，家電機器分野をリードしてきました。

エピソード

　敗戦の翌年に設立されたソニー。「お金や機械はなくても，頭脳と技術がある。これを使えば何でもできる。それには，人の真似や他社のやっていることに追従したのでは道は開けない。何とかして，人のやらないことをやり，技術の力で祖国復興に役立てよう」という強い信念を携えての船出だったとソニーのウェブサイトに記されています。

◆井深大研究会『井深大語録』（小学館文庫），小学館，1998年，p.38.
◆井深大，小島徹著『井深大の世界——エレクトロニクスに挑戦して』毎日新聞社，1993年，p.57.

発明家, CASIO創業メンバー

樫尾俊雄

日本 ▶▶▶ かしお としお 1925年〜2012年

「技術は冒険ではない。
　必ずできる, という確信です」

0から1を生み出す

　6歳のときにエジソンの伝記に感動し，発明家を志しました。電気を学ぶために12歳で電機学校に入学。卒業後は，逓信省*に入省。21歳で退職し，兄が営む樫尾製作所に参加し，計算機の開発を始めました。

　1957年，7年かけて開発した世界初の小型純電気式計算機「カシオ14-A」の商品化に成功し，兄と2人の弟とともにカシオ計算機を設立。その後は電卓，時計，電子楽器など数多くの発明品を世に送り出しました。1974年発表の「カシオトロン」は，時間は1秒ずつの足し算という考えから生まれた，世界初の自動カレンダー機能を搭載した腕時計です。1983年に発表した「G-SHOCK」は，時計の世界観を塗り替え，CASIOブランドは世界中に定着。

　「0から1を生み出す。世界にないものを創造する」を発明哲学とし，生涯で313件の特許（共同名義含む）を取得しました。

＊逓信省：交通・通信行政を管轄していた中央官庁。

> **エピソード**
> 　「必要は発明の母」ではなく「発明は必要の母」と考えていた彼は，先駆的な製品を開発した功績により，2000年に米国家電協会より「生涯業績賞」を受賞。自宅の一部が「樫尾俊雄発明記念館」として公開されています。

◆樫尾俊雄著『計算機の中に宇宙の意思をみた』（私家本），2012年，p.20.

第9章

人間主役の時代に

人を中心にした新しいものづくりへ

　テクノロジーの方向性は，大量生産，大量消費がまだ主流でしたが，徐々にユーザーが主役に，また人間自身が対象になってきます。建築では人を中心に環境や機能性を重視，ヒトの遺伝子構造が解明され，さらに頭脳にもあたるコンピュータは進化し電話と一体化，パーソナルな時代になってきます。

　この章では，フランク・ロイド・ライト，ル・コルビュジエ，ワトソンとクリック，アラン・ケイ，スティーブ・ジョブズ，ビル・ゲイツを紹介します。

空間の魔術師

フランク・ロイド・ライト

アメリカ合衆国　▶▶▶　Frank Lloyd Wright 1867年〜1959年

「あなたが本当にそうだと信じることは，
　常に起こります。
　　そして，信念がそれを起こさせるのです」

建築に新たな潮流を開いた

　ヨーロッパの権威主義的・古典主義的な建築様式が主流だった時代に,「プレイリー・スタイル」(草原様式) を提唱し注目を集めました。これは自然との融合や水平線を意識した住宅で, 建物の高さを抑え, 部屋同士を完全には区切らずに緩やかにつなぐデザインに特徴があります。自然との調和や共生を全面に打ち出した, 大富豪カウフマンの邸宅「落水荘」が有名です。

　また, 中産階級向けのコンパクトで魅力的な「ユーソニアン・ハウス」も設計しました。さらに現代建築の機能重視の傾向に対し, 建築材料と環境を重視した「オーガニック・アーキテクチャー」(有機的建築) を提唱し, 後進の建築家やデザイナーに大きな影響を与えました。

　アメリカ以外の仕事は, カナダと日本 (帝国ホテル旧本館ほか) のみ。日本の美術品, 特に浮世絵の収集でも有名でした。

エピソード	大学で土木を勉強しましたが中退, 設計事務所で働き始めます。その後, 女性スキャンダル, 破産, 火事, 社会からの追放などの困難が連続。しかし, グッゲンハイム美術館 (ニューヨーク) など数多くの名作を生み出すとともに, 建築学校「タリアセン」では共同生活を軸とする建築家の育成を行いました。

◆Bruce B. Pfeiffer, *Frank Lloyd Wright Collected Writings Vol.5* : 1949-1959, Rizzoli, 1995, p.229.
◆オルギヴァンナ・ロイド・ライト著／遠藤楽訳『ライトの生涯』彰国社, 1977 年.

機能的なモダニズム建築を提唱

ル・コルビュジエ

スイス／フランス ▶▶▶ Le Corbusier 1887年～1965年

「住宅は住むための機械である」

作品は世界文化遺産にも認定

　スイス生まれのコルビュジエは，画家としてパリで活動以降，主にフランスで活躍しました。35歳で従兄弟と建築事務所を設立。石やレンガではなくコンクリートのスラブ，柱，階段を主とする「ドミノ・システム」を考案し，機能性を信条としたモダニズム建築を提唱，「サヴォア邸」に代表される明るく清潔で機能的な住空間を創造しました。

　1930年代には「現代建築国際会議」のリーダーとして活躍し，いくつもの都市計画を提案。第二次世界大戦後は，独自の尺度「モデュロール」理論を発表。集合住宅「ユニテ・ダビタシオン」や「ロンシャンの礼拝堂」などを手掛けました。また絵画や版画，彫刻，タペストリーなど総合芸術を目指しました。

　2016年には，日本の「国立西洋美術館」を含む7か国17物件のコルビュジエの建築作品群が，世界文化遺産に登録されました。

エピソード	父は時計職人，母はピアノ教師。職人を目指しましたが弱視のため断念して画家に，そして建築家に。36歳のとき，レマン湖畔に高齢の両親のために設計した60m²ほどの「小さな家」は，さまざまな工夫が凝縮された愛情あふれる作品です。母親は101歳で亡くなるまでの36年間を，この家で過ごしました。「国立西洋美術館」の"無限成長美術館"という設計思想は，日本にも多大な影響を及ぼしました。

◆ル・コルビュジエ著／吉阪隆正訳『建築をめざして(SD選書21)』鹿島出版会, 1967年, p.12.

DNAの"二重らせん構造"を発見

ジェームズ・デューイ・ワトソン
フランシス・クリック

アメリカ合衆国 ▶▶▶ James Dewey Watson 1928年〜
イギリス ▶▶▶ Francis Crick 1916年〜2004年

「真理は美しいだけでなく
　シンプルでもあるはずだ」

（ジェームズ・デューイ・ワトソン）

若くしてノーベル生理学・医学賞を受賞

　ワトソンは鳥類に興味をもち，物理や化学は苦手で，学生時代からDNA*に関心をもっていました。一方のクリックは物理学者で，第二次世界大戦時は地雷を設計していましたが，物理や化学から生命現象を解明しようとする流れから専門を変えました。

　この2人は，タンパク質とDNAのX線解析をしていた研究所で出会います。2人はX線解析データをもとに分子模型を構築する手法を用い，遺伝子はDNAの立体構造であり，AとT，GとCが対合するように2本の鎖が相互に逆向き，右巻きに絡み合って作ったらせん構造であることを突き止めました。

　その成果は，医療，薬品，食品，農薬の開発に結びつきましたが，一方では，遺伝子組み換え技術やクローン技術といった難しい課題も生み出しました。

* DNA：deoxyribonucleic acid，デオキシリボ核酸。遺伝子本体の一部。

> **エピソード**
> 　1953年に科学雑誌『Nature』に掲載された論文「核酸の分子構造について―デオキシリボース核酸の構造」はわずか2ページ，900語ほど。2人は1962年ノーベル生理学・医学賞を受賞。このときワトソンは25歳，クリックは37歳で無名の研究者でした。その後，クリックは脳研究に取り組み，一方，ワトソンは人種差別発言により名声を失墜させてしまいました。

◆ ジェームズ・D. ワトソン著／アレクサンダー・ガン，ジャン・ウィトコウスキー編／青木薫訳『二重螺旋 完全版』新潮社，2015年，p.20.

パソコンの父——パーソナルコンピュータを創出

アラン・カーティス・ケイ

アメリカ合衆国 ▶▶▶ Alan Curtis Kay 1940年〜

「未来を予測する最善の方法は，
　それを発明することだ」

プログラミング言語，ユーザーインタフェースも開発

　1960年代のコンピュータは，一部屋を占拠するほど巨大で，非常に高価。複数の人で１台を共有し，人間が機械に仕えるような状態でした。しかしケイは，コンピュータが人を支援すべきと考え，「コンピュータの部品は，すべてディスプレイのサイズに収まり，1000ドルで買える。それは人間の知的活動を支援するパーソナルなメディア」であるべきとのビジョンをもちました。

　そしてできあがったのは，記憶装置本体，ディスプレイ，キーボード，通信機能を備え，マウスで画面上に指示するマシン「アルト」。1973年に最初の１台が完成し，1970年代終わりには多くの研究機関で使用されました。

　「アルト」に衝撃を受けたスティーブ・ジョブズは「リサ」そして「マッキントッシュ」を開発。「パソコン」時代が始まりました。

エピソード	ケイは，知的活動を支援する道具は「ダイナミックな本」と提唱し，究極のコンピュータとして「ダイナブック」と命名しました。ケイはオブジェクト指向プログラミング言語「スモールトーク」を開発，またコンピュータの「メタメディア」概念を提唱。コンピュータの使いやすさを決定するユーザーインタフェースの設計でも，功績をあげました。

◆アラン・C・ケイ著／鶴岡雄二訳『アラン・ケイ』アスキー，1992年．

アップル社の創業者

スティーブ・ジョブズ

アメリカ合衆国 ▶▶▶ Steve Jobs 1955年〜2011年

「ハングリーであれ。愚か者であれ」

情熱と創造の人

　大学中退後，仲間とアップル社を創業。共同創業者のスティーブ・ウォズニアックが自作した「アップルⅠ」の販売を始め，20歳で自宅に会社を設立しました。「アップルⅡ」で成功し，マッキントッシュでは初めて，グラフィカルユーザーインタフェース（GUI*）を採用。しかしジョブズはのちに，売上不振などで解雇されました。

　その後 WS** などの開発会社「NeXT 社」を創業し，独自 OS***「NeXTSTEP」搭載のコンピュータを発売。また，ルーカス・フィルムのコンピュータ部門を買収して「ピクサー社」を設立し，世界初のフル CG 映画『トイ・ストーリー』などで大成功。

　1997 年にアップルに復帰後，斬新なデザインの「iMac」が大ヒット。2001 年に「Mac OS X」を発売。「iPod」と「iTunes」をベースにした配信ビジネスでも成功。2007 年には「iPhone」で，スマートフォンのブームを起こし，2010 年には「iPad」でタブレットの新市場をリードしました。

* GUI：Graphical User Interface，コンピュータの操作対象を絵で表して，ユーザーとコンピュータ間の情報をやり取りする仕組み。
** WS：Workstation，業務用高性能コンピュータの略称。
*** OS：Operating System，コンピュータを動かすための基本ソフトウェア。

> **エピソード**
> 　いずれも大学院生だったシリア人留学生の父とアメリカ人の母の間に生まれましたが，養子として育ちました。カリスマ経営者で妥協を許さない完璧主義者。がん発症後の 2005 年，スタンフォード大学の卒業式で卒業生たちに贈った言葉が，「ハングリーであれ。愚か者であれ」でした。

◆日本経済新聞「ジョブズ氏スピーチ全訳 米スタンフォード大卒業式（2005 年 6 月）にて」，https://www.nikkei.com/article/DGXZZO35455660Y1A001C1000000/（参照 2018.11）.
◆YouTube「スティーブ・ジョブズ卒業式スピーチ全文」，https://www.youtube.com/watch?v=87dqMx-_BBo（参照 2018.11）.

Windowsを世界標準に

ビル・ゲイツ

アメリカ合衆国 ▶▶▶ Bill Gates 1955年〜

「現代は最高に生きがいのある
　時代だ」

頭脳明晰な技術者であり，実業家

　ゲイツはハーバード大学に入学しますが，13歳で始めたコンピュータのプログラミングに熱中し休学。1975年，19歳のときポール・アレンとともにマイクロソフト社を設立しました。

　当時コンピュータ産業の主力はハードウェアで，IBMが主導権を握っていましたが，ゲイツはソフトウェア，特にOSの重要性を見抜き，「BASIC」「MS-DOS」「Windows」と続くパーソナルコンピュータ用ソフトウェアで成功。世界をリードする大革命児となりました。主な製品・サービスは「Microsoft Azure」「Microsoft 365」「Windows Server」「Office」「Xbox」「MSN」「Bing」「Skype」など多数。さらに「Microsoft Surface」シリーズでハードウェア事業にも参入しました。

　パーソナルコンピュータの普及とともに急激に成長，パーソナルコンピュータから情報ハイウェイへ向けた世界最大の大手ソフトウェア企業となりました。

エピソード　社名は「マイクロコンピュータ」と「ソフトウェア」から。ゲイツは経営について，「私には単純だが，強い確信がある。情報をいかに収集，管理，活用するか。あなたが勝つか負けるかはそれで決まるというものだ」と述べています。2006年に一線から退き，慈善活動を中心に活躍しています。

◆ビル・ゲイツ著／西和彦訳『ビル・ゲイツ未来を語る』アスキー，1995年，p.433.

地球の環境

サスティナブルな
社会を目指して

　科学技術の進歩は大量生産，大量消費を実現し，私たちの生活は快適になりました。しかし環境に与えたダメージは，そのまま私たちの生活を脅かすことに気づきました。地球環境や資源・エネルギー，人口などの問題が明らかになり，サスティナブル（持続可能）な社会の実現が求められています。

　科学技術の発達で情報化，国際化が進み，地球は小さくなったといわれます。地球はひとつで，かけがえのないことを，科学技術に携わる者は忘れてはいけないのです。

　この章では，ガガーリン，レイチェル・カーソンを紹介します。

世界初の有人宇宙飛行に成功

ユーリイ・ガガーリン

ロシア ▶▶▶ Yuri Alekseyevich Gagarin 1934年〜1968年

「地球は青かった」

人類史上初めて，宇宙を眺望

　旧ソビエト連邦（現在のロシア）の貧しい集団農場の労働者を両親にもつガガーリンは，航空士官学校を卒業後，空軍に入り選抜されて宇宙飛行士となりました。

　当時は東西冷戦時代で，アメリカと旧ソビエト連邦が宇宙開発を争っていましたが，先に有人飛行に成功したのは旧ソビエト連邦。1961年4月，27歳のガガーリンを乗せた人工衛星ボストーク1号は，A-1ロケットによってバイコヌール宇宙基地から打ち上げられ地球周回軌道に入り，地球の大気圏外を1時間48分で一周しました。その後，高度7000mでガガーリンは座席ごとカプセルから射出されパラシュートで地上に帰還。無重力の宇宙空間とその眺望を初めて経験した人類となりました。

　「空は非常に暗かった。地球は青みがかっていた」が，「地球は青かった」の原文といわれています。

> **エピソード**
>
> 　1965年には旧ソビエト連邦が人類初の宇宙遊泳に成功。後塵を拝したアメリカは月を目指し，莫大な資金と人材を投入。1969年，「アポロ11号」で2人の宇宙飛行士を月に到達させ月面に星条旗を立てました。その様子はテレビで中継されました。「この一歩は小さな一歩だが，人類にとっては大きな一歩だ」*は，アームストロング船長の言葉です。
>
> ＊NASA's Apollo 11 Multimedia, https://www.nasa.gov/mission_pages/apollo/apollo11.html（参照 2018.11）.

◆ユーリー・ガガーリン著／朝日新聞社訳『地球の色は青かった——宇宙飛行士第一号の手記』朝日新聞社, 1961年.
◆JAXA, http://spaceinfo.jaxa.jp/ja/guide.html（参照 2018.11）.

環境保護運動のパイオニア

レイチェル・カーソン

アメリカ合衆国 ▶▶▶ Rachel Louise Carson 1907年〜1964年

「『知る』ことは『感じる』ことの
半分も重要ではないのです」

『沈黙の春』を著し，自然環境の破壊に警鐘を鳴らした

　作家を夢見たカーソンでしたが，大学時代に生物学者を志し，アメリカ商務省漁業局の公務員になりました。広報物などにレポートを執筆する一方で，『われらをめぐる海』や『海辺』などを発表し，ベストセラー作家に。

　一通の手紙が執筆の発端になった『沈黙の春』では，合成化学物質による殺虫剤が次々に開発され大量生産，大量使用によって生態系が乱れ自然環境を破壊，人間の生命にも関わる事態になると警告。

　社会に大きな衝撃を与えました。

　これ以降，環境問題は大きく注目され，人々は，地球環境は有限であり，自然は複雑に関係しており人間もその一部であること，科学技術の開発は環境に配慮する必要があることを，知ることになりました。

| エピソード | 「彼女がいなければ，環境運動は始まらなかったもしれない」と述べたのは，2006年のアメリカ映画『不都合な真実』で主演し，翌2007年のノーベル平和賞を受賞したアル・ゴア元アメリカ副大統領。カーソンの没後に出版された『センス・オブ・ワンダー』は，幼少時から自然の不思議さや素晴らしさに触れることの大切さを説き，自然環境教育の名著となっています。|

◆レイチェル・カーソン著／上遠恵子訳『センス・オブ・ワンダー』新潮社，1996年．

おわりに：テクノロジーを目指す若者たちへ（Ⅱ）

「総合工学」

吉川弘之

　100 年間で科学技術の大変革が起こり，近年の情報技術は急速な進化を遂げている。今の社会にはさまざまな問題がある。例えば「自然災害の増大」「自然環境の劣化」「人工の欠陥」や「科学技術の副作用」，さらに「社会的秩序の崩壊」等で，これらの問題解決を望む社会的な期待が高まっている。

　こうした課題は 1970 年代から議論され，世界科学会議（1999 年）で科学的知識の「使用」が初めて話題になった。科学者の研究は，平和や開発，社会のためであるべきという大きな変化だった。これを受け国連で「ミレニアム開発目標」（2000 年）が，さらに 2030 年を目標にした「国連 SDGs」が策定された。

　では，技術系人間はどうしたらいいか。

　社会的な期待に応えるには専門分野別に個別に取り組んでいては間に合わない。学問領域を超え一緒に研究することが必要だ。分析と総合によるものづくりである「総合工学」への期待が高まっているのだ。

講演「総合工学」（2017 年 11 月，於：東京電機大学）の資料から転載

あとがき

　本書は，科学技術を学ぶ理工系，特に工学系の大学生や，理工系に興味をもつ中学生，高校生を対象に，科学技術の歩みとそれが社会に及ぼした影響，さらに科学技術者の思いやメッセージを紹介したものです。未来の科学技術のあり方を考えるとき，科学技術に携わる際の参考にしてほしいとの思いから執筆を始めました。

　きっかけは，私が奉職する東京電機大学の創立110周年を記念した広報紙の連載企画でした。実は参考書があるだろうと，軽い気持ちで始めました。もちろんベンジャミン・フランクリンやエジソンらの「偉人伝」や，「科学者の言葉」のような書籍はありました。しかし，科学ではなく"技術"を中心に扱い社会に与える影響まで触れる，気軽に読める書籍はなかなか見当たりませんでした。ウェブサイトで検索，図書館でも探しましたが，ついに断念。連載も行き詰まり気味となり，参考文献探しに時間をかけるくらいなら自分で作るほうが早いとの結論（諦め）に至り，約2年間にわたり書き留め，書籍用に原稿を整理したものが本書です。

　特にそれぞれの人物の言葉の部分は非常に苦労しました。偉人たちの有名な言葉はウェブサイトでたくさん紹介されていますが，出典がわかるものは皆無に近かったのです。そこで出典探しを始めましたが，思いのほか膨大な時間がかかりました。こうした事情があり，出典が判明した名言をお蔵入りさせるのは忍びなく，巻末に掲載した次第です。知的でユーモラスなイラストとあわせて楽しんでください。

　なお，原稿を作成しながら気にかかっていたのが，科学技術と戦争の関係でした。科学技術の開発はどの時代でも兵器と結びついています。本来平和利用を目指したものが，兵器として利用された例，また比類ない強力な兵器の開発で戦争を無意味にしようと兵器開発を行った例などがあります。科学技術自体には善悪はない，開発者や使用者の責任だと言っても，問題解決の進展に結びついてこなかったといえます。科学技術に関わる者は，これにつ

いて，どう考えればよいのでしょうか。

　本書の執筆を通して，その解答の指針となるひとつの書簡に邂逅しました。その書簡は，史上初の世界戦争であり，航空機・戦車・毒ガスなどの新兵器が甚大な被害をもたらした第一次世界大戦の反省を踏まえ創設された国際連盟が，アインシュタインに提案し実現したものです。国際連盟は彼に，誰でも好きな人を選び，「今の文明でもっとも大切な問いと思える事柄について意見交換して欲しい」と依頼したのです。そこで彼はフロイトに書簡を出します。テーマは，「技術が大きく進歩し，戦争の問題は文明人の運命を決する問題となっている」が「人間を戦争というくびきから解き放つことができるのか？」。これを受けてフロイトは「文化の発展を促せば，戦争の終焉に向けて歩み出すことができる！」を結論としたのです。書簡は 50 ページほどですので，興味のある方は，2 人の偉人の意見をぜひ読んでいただければと思います。下記の本で紹介されています。

　吉川弘之先生には講演資料の転載をご快諾いただき感謝申し上げます。また，登場人物に関係する団体には掲載のご了承，原稿のご確認などお手数をおかけしました。全体の内容については東京電機大学工学部人間科学系列・田中浩朗教授に査読をお願いし，貴重なご指摘，ご意見をいただきました。書籍化に際しては東京電機大学出版局の坂元真理さん，上野純さん，本書誕生に至るには中島史子さんにもお力添えをいただきました。深く感謝申し上げます。

　なお内容が不十分な点は，すべて筆者の責任です。ご指摘などありましたらぜひご教示いただければ幸いです。

2019 年 5 月　田丸健一郎
学校法人東京電機大学 総務部

参考文献：アルバート・アインシュタイン，ジグムント・フロイト著／浅見昇吾訳『ひとはなぜ戦争をするのか』(講談社学術文庫)，講談社，2016 年.

付録1　国際連合「持続可能な開発目標（SDGs）」

世界を変えるための17の目標

持続可能な開発目標（SDGs：Sustainable Development Goals）とは，2015年9月の国連サミットで採択された「持続可能な開発のための2030アジェンダ」にて記載された2016年から2030年までの国際目標です。持続可能な世界を実現するための，17のゴール（目標）と169のターゲット（細目）で構成され，「地球上の誰ひとり置き去りにしない」ことを誓っています。SDGsは発展途上国のみならず，先進国が取り組む普遍的な目標です。

SDGsの達成には，科学技術の多様な寄与が社会から期待されています。

世界を変えるための17の目標

1. 貧困をなくそう
2. 飢餓をゼロに
3. すべての人に健康と福祉を
4. 質の高い教育をみんなに
5. ジェンダー平等を実現しよう
6. 安全な水とトイレを世界中に
7. エネルギーをみんなに そしてクリーンに
8. 働きがいも経済成長も
9. 産業と技術革新の基盤をつくろう
10. 人や国の不平等をなくそう
11. 住み続けられるまちづくりを
12. つくる責任，つかう責任
13. 気候変動に具体的な対策を
14. 海の豊かさをまもろう
15. 陸の豊かさもまもろう
16. 平和と公正をすべての人に
17. パートナーシップで目標を達成しよう

付録2　心に残る名言集

●アルキメデス

「私に支点を与えよ。そうすれば地球を動かしてみせよう」
　　　―― Pappus of Alexandria, *Synagoge, Book VIII*, 1660（パッポス『数学集成』）．

「エウレーカ！（ギリシア語）」「ユリイカ！（古代ギリシア語）」（見つけた！）
　　　―― ウィトルーウィウス著／森田慶一訳『ウィトルーウィウス建築書』東海大学出版会，1979 年，p.234.

●レオナルド・ダ・ヴィンチ

「よい判断力はよい理解から生まれ，よい理解はよい法則から引き出された理論から生まれる。そして，よい法則はあらゆる科学・芸術の共通の母，よい経験の娘である」
　　　―― レオナルド・ダ・ヴィンチ著／杉浦明平訳『レオナルド・ダ・ヴィンチの手記（下）』（岩波文庫），岩波書店，p.11.

「まず実験を，しかるのち理論を述べるように」
　　　―― 同上書，p.11.

「自然の発明の中には何一つ過不足がない」
　　　―― 同上書，p.15.

●アイザック・ニュートン

「私は仮説をたてません」（ヒポテセス・ノン・フィンゴ）
　　　―― 河辺六男訳『世界の名著 26 ニュートン 自然哲学の数学的諸原理』中央公論社，1971 年，p.564.

●ベンジャミン・フランクリン

「天は自ら助くる者を助く」
　　　―― ベンジャミン・フランクリン著／真島一男監訳『プーア・リチャードの暦』ぎょうせい，1996 年，p.8.

●マリー・キュリー

「私はノーベルとともに，人類は新発見から，悪よりも善を多く得るだろうと，考える者のひとりです」（キュリー，ピエール連名）
　　　―― エーヴ・キュリー著／河野万里子訳『キューリー夫人伝』白水社，2014 年，p.324.

「わたしは,現在の世界で冒険心が失われかけているとも思いません。わたしの周囲で,何がなくてはならないかといえば,まさにこの,けっして枯れることのない,好奇心にも似た冒険心でしょう」
　　—— 同上書,p.472.

●ヘンリー・フォード

「私たちが今日最善を尽くして仕事をすること,それが私たちにできるすべてなのである」
　　—— ヘンリー・フォード著／竹村健一訳『藁のハンドル』(中公文庫),中央公論新社,2002年,p.236.

「誰もが買える車を—これがフォード社の出発点」
　　—— 同上書,p.14.

●アレクサンダー・グラハム・ベル

「ワトソン君,ちょっと来てくれたまえ」
　　—— The Alexander Graham Bell Family Papers Notebook by Alexander Graham Bell, from 1875 to, 1876.

●ニコラ・テスラ

「科学者の仕事は将来に向けて木を植えるようなものだ」
　　—— ニコラ・テスラ著／宮本寿代訳『ニコラ・テスラ 秘密の告白——世界システム＝私の履歴書 フリーエネルギー＝真空中の宇宙』成甲書房,2013年,p.228.

●グリエルモ・マルコーニ

「純粋に理論的あるいは計算上の考察にのみ基づいた〈限界〉を信じてはならない」
　　—— デーニャ・マルコーニ・パレーシェ著／御舩佳子訳『父マルコーニ』東京電機大学出版局,2007年,p.317.

「人間が意図して自然現象を取り込んでいくほどに,多くのことを発見しつづけられるでしょう。それによって人は,無限を理解できるようになるのです」
　　—— 同上書,p.292.

「私の見解では適切な装置があれば,世界を巡るメッセージの送信も可能になるだろうと思います」
　　—— 同上書,p.151.

●ライト兄弟

「鳥が長時間飛べるのなら，なぜ私はできないのか？」
　　　──── The Official Licensing Website of The Wright Brothers, http://wrightbrothers.info/（参照 2018.11）.

「飛行機は落ちる時間がないために滞在している」
　　　──── 同上サイト.

「知的関心を追求し，好奇心を喚起するものは何でも調べるよう，常に子供たちに励まされていた環境の中で育つほど幸運でした」
　　　──── 同上サイト.

●ウォルター・ブラッテン

「最終的に僕が発見したものは，発見されるのをずっと待っていたような不思議な感覚があった」
　　　──── ジョン・ガートナー著／土方奈美訳『世界の技術を支配するベル研究所の興亡』文藝春秋, 2013 年, p.108.

●アラン・マシスン・チューリング

「私たちは，ほんのすこし先の未来しか見渡せない。しかし私たちが試みなければならないことがたくさんあることは，明らかである」
　　　──── 高橋昌一郎著『ノイマン・ゲーデル・チューリング』（筑摩選書）, 筑摩書房, 2014 年, p.230.

●ジョン・フォン・ノイマン

「ある特定の行為について深く理解するためには，事前にその行為を実行し使用することに慣れ親しんでおかなければならない」
　　　──── 高橋昌一郎著『ノイマン・ゲーデル・チューリング』（筑摩選書）, 筑摩書房, 2014 年, p.21.

「理論物理学の仕事の一部は，そのような障害を探すことにあるわけで，それが『大発見』につながる可能性もあるのです」
　　　──── 同上書, p.39.

●松下幸之助

「少々知識が乏しく，才能に乏しい点があっても，一生懸命というか，強い熱意があれば，そこから次々とものが生まれてきます」
　　　──── 松下幸之助著『松下幸之助「一日一話」──仕事の知恵・人生の知恵』PHP研究所, 1999 年, p.14.

●円谷英二

「観ている人たちに喜びや驚きを与えたい。その喜びや驚きを糧に，想像する喜び，未来に向かう希望，平和や愛を願う優しさなどを育んでもらいたい」

　　　―― 円谷プロダクション「創業者・円谷英二」，https://www.tsuburaya-prod.co.jp/eiji/（参照 2018.11）．

●本田宗一郎

「失敗を恐れることなく，しかし原因の同じ失敗を二度繰り返すな」

　　　―― 片山修編『本田宗一郎からの手紙――現代を生きるビジネスマンへ』ネスコ（文藝春秋社発売），1993 年，p.30．

●井深 大

「お金や機械はなくても，自分たちには頭脳と技術がある。これを使えば何でもできる。それには，人の真似や他社のやっていることに追従したのでは道は開けない。何とかして，人のやらないことをやろう」「技術の力でもって祖国復興に役立てよう」

　　　―― ソニー「Sony History 第 1 章 焼け跡からの出発」，https://www.sony.co.jp/SonyInfo/CorporateInfo/History/SonyHistory/1-01.html（参照 2018.11）．

●樫尾俊雄

「結局，私が魅力を感じることは，何もないところから，つまり〇から 1 をつくっていこう，それだけなんです…」

　　　―― 樫尾俊雄著『計算機の中に宇宙の意思をみた』（私家本），2012 年，p.67．

●フランク・ロイド・ライト

「私たちは，世界中でこれまで以上に誇りと喜びを感じる，より美しく，より調和した，より完全な表現力を持つ人生を開発するためにここにいる」

　　　―― Frank Lloyd Wright Foundaion，https://franklloydwright.org/impact/（参照 2018.11）．

参考文献

R. J. フォーブス, E. J. デイクステルホイス著／広重徹, 高橋尚他訳『科学と技術の歴史』みすず書房, 1977年.

伊東俊太郎, 阪本賢三他編『科学史技術史事典』弘文堂, 1994年.

小山慶太著『科学史人物事典――150のエピソードが語る天才たち』(中公新書), 中央公論新社, 2013年.

小山慶太著『科学史年表 増補版』(中公新書), 中央公論新社, 2014年.

重光司著『電気と磁気の歴史――人と電磁波のかかわり』東京電機大学出版局, 2013年.

高橋雄造著『電気の歴史――人と技術のものがたり』東京電機大学出版局, 2011年.

平田寛著『歴史を動かした発明――小さな技術史事典』(岩波ジュニア新書64), 岩波書店, 1983年.

古川安著『科学の社会史――ルネサンスから20世紀まで』(増訂版), 南窓社, 2001年.

星野芳郎著『技術と文明の歴史』(岩波ジュニア新書349), 岩波書店, 2000年.

世界を変えた 60 人の偉人たち　新しい時代を拓いたテクノロジー

2019 年 7 月 15 日　第 1 版 1 刷発行　　ISBN 978-4-501-63190-1 C0040

編　者　東京電機大学
　　　　©Tokyo Denki University 2019

発行所　学校法人 東京電機大学　〒120-8551　東京都足立区千住旭町 5 番
　　　　東京電機大学出版局　　　Tel. 03-5284-5386（営業）03-5284-5385（編集）
　　　　　　　　　　　　　　　　Fax. 03-5284-5387　振替口座 00160-5-71715
　　　　　　　　　　　　　　　　https://www.tdupress.jp/

JCOPY ＜(社)出版者著作権管理機構 委託出版物＞
本書の全部または一部を無断で複写複製（コピーおよび電子化を含む）することは，著作権法上での例外を除いて禁じられています。本書からの複製を希望される場合は，そのつど事前に，(社)出版者著作権管理機構の許諾を得てください。
また，本書を代行業者等の第三者に依頼してスキャンやデジタル化をすることはたとえ個人や家庭内での利用であっても，いっさい認められておりません。
[連絡先] Tel. 03-5244-5088, Fax. 03-5244-5089, E-mail：info@jcopy.or.jp

組版：(有)ブルーインク　　印刷：(株)加藤文明社印刷所　　製本：誠製本(株)
装丁：福田和雄（FUKUDA DESIGN）
落丁・乱丁本はお取り替えいたします。　　　　　　　　　　Printed in Japan